本成果受到国家自然科学基金“基于 CAS 理论的韧性城市系统模型构建与实证研究”支持（编号：51808024）

构建“安全城市”：基于安全的城市空间格局优化研究

Building Safer City: Optimizing Spatial Pattern for a Safer City

陈 鸿 陈志端 著

中国建筑工业出版社

图书在版编目（CIP）数据

构建“安全城市”：基于安全的城市空间格局优化研究 = Building Safer City：Optimizing Spatial Pattern for a Safer City / 陈鸿，陈志端著 .—北京：中国建筑工业出版社，2021.6
ISBN 978-7-112-26267-0

Ⅰ.①构… Ⅱ.①陈…②陈… Ⅲ.①城市空间—研究 Ⅳ.① TU984.11

中国版本图书馆 CIP 数据核字（2021）第 125789 号

新型冠状病毒肺炎疫情这一全球突发事件让人类重新审视不确定风险下“安全城市”构建的重要性。本书主要研究基于安全的城市空间格局优化的理论与方法，回答了以下问题：影响城市空间格局安全的变量有哪些？如何评价城市空间格局安全？如何调控整体安全空间变量和优化安全空间要素布局来构建安全城市？

本书可供在城市空间规划、综合防灾和安全韧性等方面感兴趣的相关科研人员参考，也可供在城市规划、建设和管理方面的管理人员阅读。

责任编辑：焦　扬
责任校对：党　蕾

构建“安全城市”：基于安全的城市空间格局优化研究
Building Safer City：Optimizing Spatial Pattern for a Safer City
陈　鸿　陈志端　著
*
中国建筑工业出版社出版、发行（北京海淀三里河路 9 号）
各地新华书店、建筑书店经销
北京点击世代文化传媒有限公司制版
北京建筑工业印刷厂印刷
*
开本：787 毫米 ×1092 毫米　1/16　印张：14　字数：220 千字
2021 年 7 月第一版　2021 年 7 月第一次印刷
定价：**68.00** 元
ISBN 978-7-112-26267-0
（37878）

前 言

新型冠状病毒（2019-nCoV）肺炎疫情给全人类的生命和财产造成了巨大损失，这一突发事件让全球的诸多城市重新审视不确定风险下“安全城市（Safer City）”构建的重要性。如何从空间规划的角度优化城市空间格局（Spatial Pattern）从而让城市“更安全（Safer）”变得尤为重要。

本书题名为“构建‘安全城市’：基于安全的城市空间格局优化研究”，英文表述为“Building Safer City：Optimizing Spatial Pattern for a Safer City”。如果将城市拿人来打比方，可以比喻为“基于健康的人体构造优化研究”。人的身体是支撑生命的物质基础，一旦人的身高体重指数偏离标准值或是人的局部组织构造出了问题，就会减弱对外界环境的适应能力甚至引发疾病。人们通过锻炼身体和合理膳食来塑造人的形体和调理人的体质，最终达到健康长寿的目的。

同样，城市的整体空间格局是其生存和发展的物质基础，一旦城市的空间结构相关指标偏离标准或是局部应急要素布局有问题，就会加大城市风险甚至发生大的灾害。因此，城市也需要以调整优化城市空间格局为重要手段，提升城市对可持续发展风险的预防、响应与化解能力。

本书从空间规划的角度，在系统科学安全观的指导下，吸收借鉴相关学科研究的成果，在厘清城市安全与城市空间格局的关系的同时，尝试构建适应时代和学科发展要求的安全城市空间格局理论，并提出城市空间格局安全评价体系与优化方法，以期能对具体的城市安全规划实践有较好的指导作用。

在书名副标题“基于安全的城市空间格局优化研究”里，“安全”是研究视角，“城市空间格局”是研究主体，“优化”是研究目标，也是手段。本书主要研究如下问题：如何评价城市空间格局安全（指标），影响城市空间格局安全有哪些安全空间变量（模型），如何调控整体安全空间变量来提升城市空间格局安全水平（方法），如何优化安全空间要素布局以平衡安全性与经济性的矛盾（目标）？

本书提出城市空间格局安全水平的提升，可以从整体调控和局部优化两个方面来实现：整体调控针对宏观层面的多灾种安全问题，运用系统论来应对城市安全的复杂性问题，尤其是灾害的不确定性；局部优化针对微观层面的单灾种安全问题，运用还原论来解决城市安全的精确性问题。由此提出两大研究假设：一是“通过对城市空间格局主要安全空间变量进行调控，可提升城市空间格局的安全水平”；二是“运用空间分析技术对某一安全空间要素的布局进行优化，可以平衡安全性与经济性的矛盾”。

本书首先以城市安全与城市空间格局的关系为研究的逻辑起点，分别从静态关联和动态演变的角度对城市安全与城市空间格局的关系进行了剖析：将城市安全问题划分成自然灾害问题、技术灾害问题和社会灾害问题三大类，研究不同灾种安全问题与安全空间因子之间的关联；将安全城市空间格局演变分为自发避灾、自觉抗灾和自为容灾三个历史阶段，发现城市与灾害的关系经历了“顺应—对抗—相容”的过程，安全城市空间格局模式则由单点封闭空间格局、圈层半开放空间格局再发展为多中心网络型开放空间格局。笔者从中得到启示：在可持续发展风险日益严峻的时代背景下，人们亟须重塑安全观，以调整优化城市空间格局为重要手段，从而提升城市对可持续发展风险的预防、响应与化解能力。

本书将城市安全理解为城市能对影响自身生存发展的制约因素实现良好调控以及具有较强的应灾能力和恢复能力的状态。深入研究城市安全机制，提出城市安全实现机制的“压力释放”模型和“能力提升”模型。利用系统论构建了“安全城市”基础研究框架，为安全城市空间格局理论研究的开展奠定了基础框架。接着由“城市”聚焦到“城市空间”，从安全本位和空间本位两个方面明确了安全城市空间研究的范畴。从系统论的角度考察城市空间格局安全，建立了城市空间结构安全、城市空间要素安全和城市空间环境安全三个安全空间变量，提出各自的考察领域和安全空间因子，从概念、特征、范畴、框架、模型和目标几方面构建了安全城市空间格局理论。

本书构建了城市空间格局安全评价体系，提出了 Delphi-AHP-FCE 综合集成模糊评价法和 Delphi 单项指标评价法，并对遴选的 18 个空间安全指标进行了解释和推导。从城市空间的“安全二重性”出发，本书分别对安全城市空间结构和城市安全空间要素进行研究：安全城市空间结构是城市被动承灾的“安全载体空间”，属于易损因子（V），其优化内涵包括布局结构优化、压力结构安全、数量结构合理三个方面，其优化模式包括“间隙式”和“轴网式”；城市安全空间要素是城市主动应灾的“安全本体空间”，属于耐灾因子（R），其优化内涵包括防御要素优化和应急要素优化两个方面，其优化方法分为分区控制和轴网整合两种。同时还分别提出了两者的安全优化原理、原则以及策略。

本书的大部分内容是理论性与方法的研究。文中对所涉及的概念基本都进行了再思考和重新界定，对核心的命题进行了深入的探讨和理论框架搭建，形成了相对系统的阶段性理论成果。但是，在量化研究以及案例应用方面尚有较多工作需要后续完成。希望本书能对在安全城市研究领域感兴趣的相关科研人员能提供一些思路上的指引，同时也希望能为在城市空间规划一线的工作人员提供在城市安全防灾规划、韧性城市规划建设方面提供一些方法的借鉴。

目　录

第1章　绪　论

“一个城市必须在保证自由、安全的条件下，为每个人提供最好的发展机会，这是人类城市的一个特定目标。”[1]

——道萨迪亚斯[2]（C. A. Doxiadis）

纵观中外城市发展历史，安全一直以来都是城市发展追求的基本目标。古往今来的很多城市都证明，良好有序的城市空间格局能够对城市灾害起到很好的防御作用，并有助于减轻灾害的损失与人员的伤亡。城市的盲目发展使城市空间格局往往不能满足城市防灾的需要，给城市带来了种种灾害隐患，严重影响了城市的可持续发展。因此，有必要从城市安全的视角来研究城市空间格局，探索城市空间格局安全模式，研究城市空间格局安全优化与评价方法，并应用于城市安全规划编制。

1.1　研究背景与意义

1.1.1　研究背景

1.1.1.1　全球灾害频发推动城市安全研究

全球气候变化背景下，自然灾害风险进一步加大。极端天气气候事件的时空分布、发生频率和强度出现新变化，干旱、洪涝、热带风暴、低温、冰雪、高温热浪、病虫害等灾害风险增加，崩塌、山洪、滑坡、泥石流等灾害呈现高发态势。频繁的自然灾害严重威胁人类的生命安全。当今世界的科技进步，

---

[1] 转引自：吴良镛. 人居环境科学导论 [M]. 北京：中国建筑工业出版社，2001：286.

[2] 道萨迪亚斯（Constantinos Apostolos Doxiadis，1913—1975 年），希腊建筑规划学家，人类聚居学理论的创立者。

并没有减轻各类灾害对城市造成的损害。人们对“5·12”四川汶川特大地震、“4·14”青海玉树大地震和“3·11”日本大地震和核危机心有余悸；也自然会联想起2008年我国南方一场大雪致使停水停电、交通瘫痪的情形；对2003年SARS以及2019年新型冠状病毒（2019-nCoV）在全球蔓延更是感同身受；以及对上海“11·15”大火灾、南京“7·28”爆燃事故、北京“7·21”特大暴雨，还有更早的“9·11”恐怖袭击还记忆犹新……如何确保城市安全已成为城市发展需要面对的棘手问题。

20世纪末到21世纪初，城市安全问题受到国际社会的普遍关注。2010年国际减灾日的主题是“建设具有抗灾能力的城市——让我们做好准备！”（Making Cities Resilient：My City Is Getting Ready！）。2011年8月10至13日，第二届世界城市科学发展论坛和首届防灾减灾市长峰会在成都举行，重点提出“让城市更具韧性，科学减灾防灾”。

当前，城市安全问题受到国内外的广泛关注，除了大的灾害事件的推动外，还有着更为宏观的政策背景。城市安全是城市可持续战略中一个重要的组成部分。结合我国当前情况，科学发展观强调一切以人为本，是城市安全问题备受重视的更直接原因。

1.1.1.2　信息化与全球化加大了城市风险

随着信息时代的来临，经济全球化的大趋势使得全球城市之间交往日益频繁，关系更加密切、复杂，最终形成全球城市网络化。城市的生产与服务功能也将在世界范围内重组，城市的产业结构和空间结构也将随之调整，城市空间形态也将随之改变，它也正在改变着人类的生活方式。但是，信息化、网络化与全球化在给城市带来巨大利益的同时，也给城市带来了许多负面影响。

个体城市将逐渐依赖城市网络体系而存在，每一个城市都将成为这个城市链中的一环。在这个网络化的城市链中，一旦一个城市发生某种灾难，这种灾难也将通过城市链传播到其他城市，最终影响所有的城市。在这个城市链中，由于各城市之间人流、能流、物流和信息流的快速流动与交换，城市个体生存的独立性有可能消失。在信息化、网络化与全球化的城市中，潜藏着人际关系冷漠、虚拟空间交往、性格逐渐异化的危险。同时，城市信息灾害、恐怖袭击灾害、经济恐慌灾害的风险性加大。

1.1.1.3 快速城市化加剧了城市安全问题

如果说地震、洪水或风暴潮从来就是致命的，那么在日益城市化的当今世界，这些灾害的致命性则更大。

城市作为一个经济实体，由于规模经济和集聚效应的作用，随着城市化的发展，城市的人口和产业迅速集聚以取得利益的最大化。同时，伴随着全球经济的一体化进程，资本在全球范围内转移和重组，许多城市都想成为国际性大都市，这种贪大求强的发展动机使城市用地和空间的需求急剧扩大，导致区域城市形态密集，城市个体形态呈圈层式发展趋势。这种过于集中的城市形态在发生突发性灾害时，极易形成点状灾害源，引起“牵一发而动全身”的连锁反应，很容易使城市在瞬间就陷入瘫痪状态。

城市中的公共绿地、绿色廊道、风道、水系、适当的隔离等虚空间是城市物质空间形态的重要组成部分，也是城市安全系统中的重要元素。在快速城市化进程中，大规模的开发建设侵占了大量的农田、水面、绿地和森林，大量的垃圾、废水、污水和废气等造成各种病毒滋生、大气和水体污染、土质酸化、生物多样性锐减等现象，最终导致城市生态系统严重失衡，生态系统的自我调节恢复能力日益脆弱。在我国北方的一些城市，沙尘暴的发生频率越来越高，影响范围越来越大。在我国南方一些水网密集地区已经找不到净水。人类赖以生存的最基本的物质条件受到严重破坏，城市安全容量超载，城市防灾难度进一步加大。

1.1.2 研究意义

1.1.2.1 研究的理论意义

传统的城市安全研究主要是基于还原论的思想，用分解的、简化的方式看待城市中的安全问题。各个学科领域不同侧重的研究没有统一在一个分析框架下，具体采取的城市安全对策很容易产生对统一的城市空间格局割裂看待，造成许多的矛盾和问题。本研究尝试从系统论的角度出发，将城市作为一个完整的承灾载体和应灾本体来看待，从多灾种防救的角度思考城市安全问题的规划对策，推动城乡规划学科领域新的城市空间安全研究范式的建立。

1.1.2.2 研究的实践意义

安全城市空间格局优化研究将为城市总体规划尤其是城市安全规划与建设提供方法指导和空间决策支持，从而提高城市整体防范和抗御重大恶性灾难事故的能力。对城市空间格局进行安全优化，能确保控制事故扩展和蔓延并得到及时救援，从而使财产和人员伤亡减少到最低程度。

1.2 研究综述与问题

1.2.1 相关文献数据分析

笔者进行了大量的文献检索和分析，以期达到深入了解本研究相关动态并激发研究灵感的目的。用到的文献检索方式主要分三类：①专著类：中国国家图书馆、同济大学图书馆、美国国会图书馆（The Library of Congress）、亚马逊图书（外文图书）、Google books 及实体专业书店；②论文类：中国期刊全文数据库、中国优秀博硕士学位论文全文数据库、万方数据知识服务平台、Elsevier SDOS 数据库、UMI ProQuest Digital Dissertations、JSTOR、Sciencedirect、Springerlink 及 Web of Science；③其他类：Google、百度搜索引擎。

1.2.1.1 国际相关文献数据分析

首先通过权威的 ISI Web of Science（简称 WOS）[1] 互联网科学数据库的检索分析，可以得出国际上关于“基于安全的城市空间格局优化”研究的概貌。

本书的研究视角是“城市安全”，在英文中常见的有两个单词表示安全的意思——“Safety”和“Security”，而中文所讲的安全，是一种广义的安全，它包括两层含义：一是指自然属性或准自然属性的安全，对应于英文中的 Safety；二是指社会人文性的安全，即有明显人为属性的安全，它与 Security

[1] ISI（Institute for Scientific Information）译名为科学情报研究所，是世界著名的学术信息出版机构。Web of Science 是 ISI 建设的五大引文数据库的 Web 版。内容涵盖自然科学、工程技术、社会科学、艺术与人文等诸多领域内的 8500 多种学术期刊。截至 2012 年 3 月，笔者对 Web of Science 中的 Science Citation Index Expanded（SCI-EXPANDED）、Social Sciences Citation Index（SSCI）、Arts & Humanities Citation Index（A&HCI）、Conference Proceedings Citation Index -Science（CPCI-S）、Conference Proceedings Citation Index -Social Science & Humanities（CPCI-SSH）五大引文数据库进行了检索和分析。

相对应。鉴于国内外学者针对城市安全的概念范围及英文表达并不一致，此处用“Urban Safety”和“Urban Security”两个词汇作“or（或者）”的主题检索分析，共检索到1900～2012年的相关文献5419篇（图1-1）。

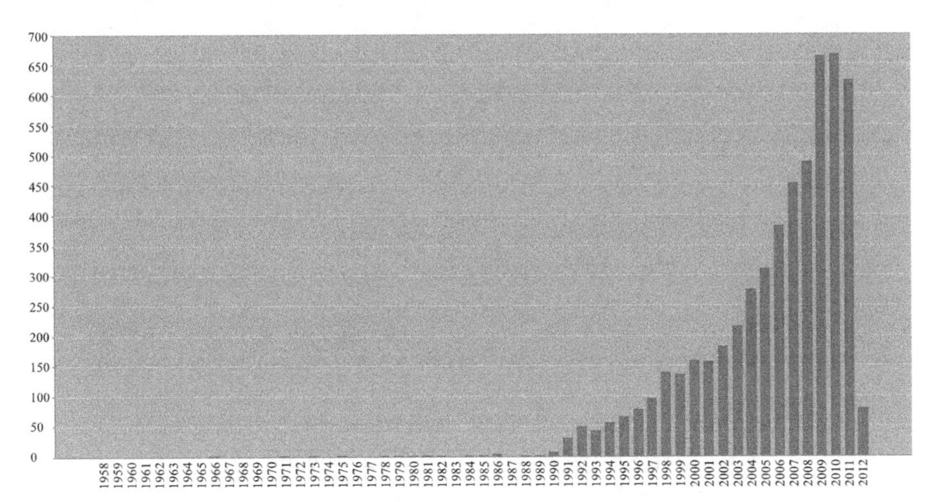

图1-1 WOS对“城市安全”的检索结果——历年文献数分析图

（资料来源：ISI Web of Science网络引文索引数据库）

本书的研究主体是“城市空间格局（Urban Spatial Pattern）”[1]，城市空间格局是城市空间的组织关系体现。城市空间格局的两个基本要素为空间相互关系和空间位置布局。空间相互关系为空间的抽象表达，即城市结构（Urban Spatial Structure）；空间位置布局为空间的具体形式，城市空间形态（Urban Spatial Form）。鉴于国内外学者针对城市空间格局的概念范围及英文表达并不一致，此处用“Urban Spatial Pattern”“Urban Spatial Structure”和“Urban Spatial Form”三个词汇作“or（或者）”的主题检索，共检索到1900～2012年的相关文献14969篇。再加入主题词“Safety”进行“and（且）”进行检索，

[1] 需要说明的是，关于城市空间研究的成果常常标示为城市空间结构的研究，实际上其内涵广泛，很多的内容都包含了关于城市空间格局的思考。对于城市空间格局和城市空间结构的区别将在概念论述部分深入阐述，此处笔者考虑理论研究的脉络传承性（城市空间结构也是城市空间格局的一部分），从城市空间的整体角度，对国内外关于城市空间的研究进行系统化的综述。

共检索到1900 ~ 2012年的相关文献5195篇（图1-2）。

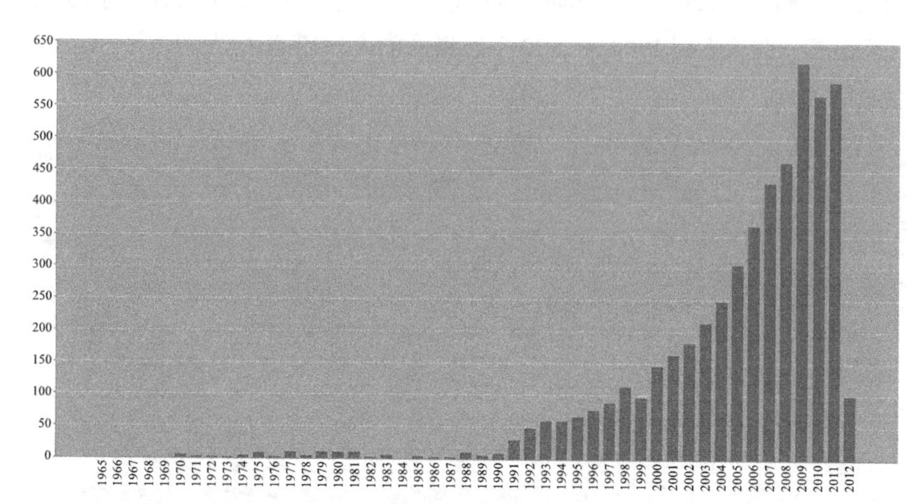

图1–2　WOS对“城市空间格局安全”的检索结果——历年文献数分析图

（资料来源：ISI Web of Science网络引文索引数据库）

对这些文献进行学科类别、出版年、国家、文献类型等方面的分析，可以大致看出国际上城市空间格局安全研究的概貌（图1-3）。

字段：学科类别	记录 计数	%，共 5195	柱状图
ENVIRONMENTAL SCIENCES ECOLOGY	2084	40.115 %	■
GEOGRAPHY	967	18.614 %	■
URBAN STUDIES	766	14.745 %	■
ENGINEERING	611	11.761 %	■
METEOROLOGY ATMOSPHERIC SCIENCES	404	7.777 %	■
GEOLOGY	382	7.353 %	■
PHYSICAL GEOGRAPHY	377	7.257 %	■
REMOTE SENSING	347	6.679 %	■
BUSINESS ECONOMICS	333	6.410 %	■
COMPUTER SCIENCE	328	6.314 %	■

字段：国家/地区	记录 计数	%，共 5195	柱状图
USA	1809	34.822 %	■
PEOPLES R CHINA	722	13.898 %	■
ENGLAND	457	8.797 %	■
CANADA	322	6.198 %	■
GERMANY	246	4.735 %	■
FRANCE	217	4.177 %	■
ITALY	180	3.465 %	■
AUSTRALIA	178	3.426 %	■
NETHERLANDS	151	2.907 %	■
SPAIN	142	2.733 %	■

图1–3　WOS对“城市空间格局安全”的检索结果——学科和国家分析图

（资料来源：ISI Web of Science网络引文索引数据库）

从出版的文献和引文的年份来看，直至20世纪90年代以来，城市空间格局安全的研究才开始被学者关注，并且关注度持续上升，成为近年来学界的热点话题之一；从学科类别的分析来看，环境科学和生态学的相关研究占文献总数的40%，地理学科约占19%，而城市规划与城市研究领域仅为15%左右，某种程度上显示出城市规划在城市安全问题研究上的缺位，来源出版物的分析也大致可反映此问题；从文献的来源国家来看，美国的研究成果占绝对优势，约为总数的35%，中国以14%位居第二位，也显示近年来我国的研究成果在国际上得到了充分肯定。

将学科类型用"城市研究（Urban Studies）"进行精炼后，共检索到1900 ~ 2012年的相关文献766篇。接下来用文献信息分析软件HistCite[1]对这些文献进行分析，首先得出LCS[2]引文关联图谱（图1-4），可以快速定位到这些文献中的几篇经典文献，同时也可以看到这些文献之间的引用关系和出版年代。将LCS排名前30的文献再进行一次LCS引文关联分析，可以得到图1-5，图中圆圈的大小表示被引用的次数。还可以用HistCite进行GCS、LCR和CR[3]的引文分析，得到与本研究最相关的重要文献。

---

[1] HistCite = History of Cite，意味引文历史，或者叫引文图谱分析软件。该软件系SCI的发明人加菲尔德开发，能够用图示的方式展示某一领域不同文献之间的关系。可以快速帮助我们绘制出一个领域的发展历史，定位出该领域的重要文献，以及最新的重要文献。

[2] LCS是local citation score的简写，即本地引用次数。

[3] GCS是global citation score，即引用次数，也就是在Web of Science网站上看到的引用次数。CR是cited references，即文章引用的参考文献数量。这个数据通常能帮我们初步判断一下某篇文献是一般论文还是综述。LCS是local citation score的简写，即本地引用次数。与GCS相对应（GCS是总被引次数），LCS是某篇文章在当前数据库中被应用的次数，所以LCS一定是小于或等于GCS的。一篇文章GCS很高，说明被全球科学家关注较多。但是如果一篇文章的GCS很高，而LCS很小，说明这种关注主要来自与我们不是同一领域的科学家。此时，这篇文献对我们的参考意义可能不大。LCR与CR对应，是local cited references，是指某篇文献引用的所有文献中，有多少篇文献在当前数据库中。根据LCS可以快速定位一个领域的经典文献，LCR则可以快速找出最新的文献中哪些是和自己研究方向最相关的文章。

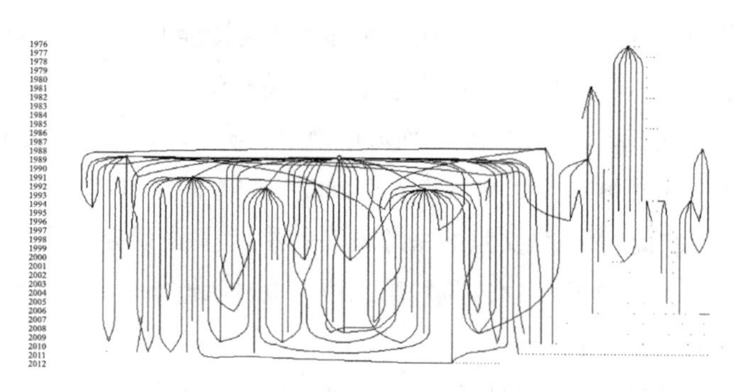

图 1-4　HistCite 得出的“城市研究”类文献的 LCS 引文关联图谱
（资料来源：笔者运用 HistCite 引文图谱分析软件绘制）

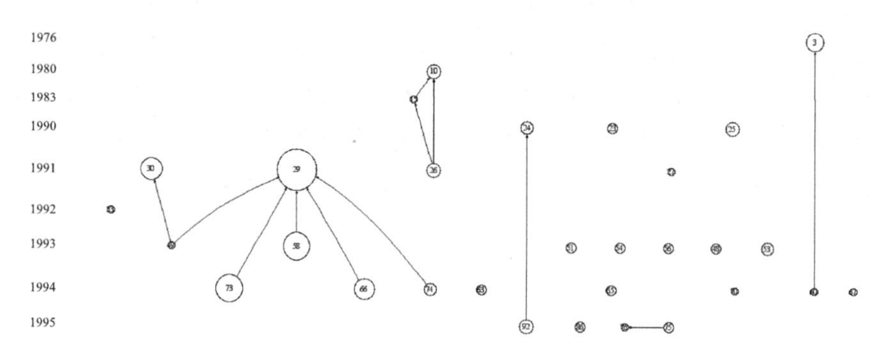

图 1-5　HistCite 得出的前 30 篇“城市研究”类文献的 LCS 引文关联图谱
（资料来源：笔者运用 HistCite 引文图谱分析软件绘制）

1.2.1.2　国内相关文献数据分析

针对国内研究，首先采用万方数据知识服务平台进行知识脉络分析[1]，通过对“城市安全”和“城市灾害”等关键词进行检索分析，得出知识脉络比较分析图（图 1-6），从图中可以看出，自 2003 年以后，“城市安全”的研究已经开始超过“城市灾害”，并在接下来的七年形成三个高峰，这也与我国当年的城市安全事件背景形成对应。

[1] 万方数据知识服务平台推出的知识脉络分析是基于海量信息资源的分析，以上千万条数据为基础，以主题词为核心，统计分析所发表论文的知识点和知识点的共性关系，并提供多个知识点的对比分析。体现知识点演变及趋势，体现知识点在不同时间的关注度；显示知识点随时间变化的演化关系；发现知识点之间交叉、融合的演变关系及新的研究方向、趋势和热点。

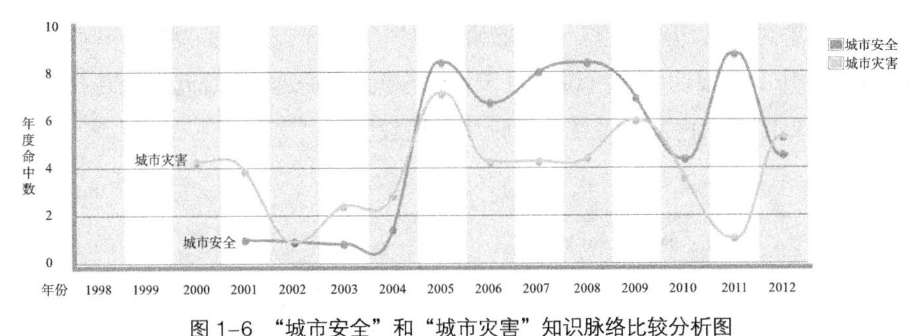

图 1-6 “城市安全”和“城市灾害”知识脉络比较分析图

（资料来源：万方数据知识服务平台知识脉络分析，http：//trend.g.wanfangdata.com.cn）

再通过对“空间格局”“城市空间”“城市形态”“城市结构”“城市空间结构”和“城市空间格局”等关键词进行检索分析，得出“城市空间格局”相关研究知识脉络比较分析图（图 1-7），从图中可以看出，“空间格局”“城市空间”“城市形态”“城市空间结构”“城市结构”和“城市空间格局”的研究热度依次递减，“城市空间格局”自 2004 年以后才出现，而且文献量一直不高，说明这方面的研究在国内还处于起步阶段。

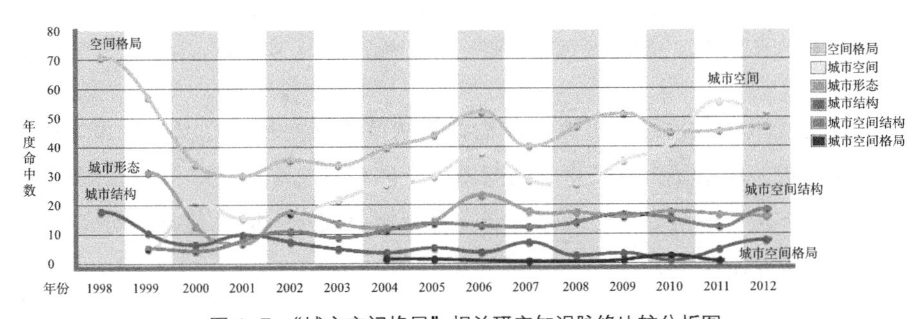

图 1-7 “城市空间格局”相关研究知识脉络比较分析图

（资料来源：万方数据知识服务平台知识脉络分析，http：//trend.g.wanfangdata.com.cn）

在 CNKI 新平台中国学术期刊网络出版总库中对“城市空间格局”和“安全”作主题检索，找到相关文献 514 条，但大部分都是生态安全方面文献。再用 CNKI 学术趋势分析“城市空间格局”和“城市安全”主题词，得出 1996 年至 2008 年该研究领域的学术发展历程，找出经典文献，如图 1-8 所示。从图中可以看出“城市安全”的研究整体呈上升态势，而“城市空间格局”的研究上升不是很明显。这说明对于城市空间格局安全的研究尚处在初步阶段，明确界定概念内涵的系统化理论成果还较少。

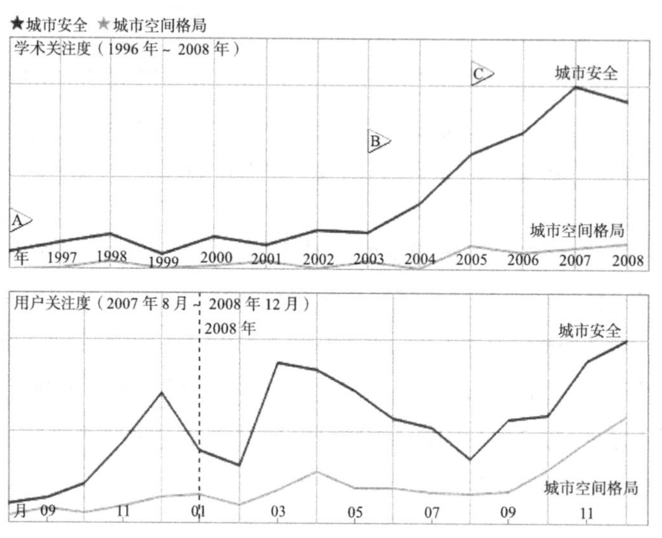

图 1-8 “城市空间格局”和“城市安全”的 CNKI 学术趋势分析
（资料来源：中国学术期刊网学术趋势分析，http://trend.cnki.net/index.php）

通过运用以上检索分析方法，笔者拟从城市安全研究、安全城市研究、城市安全相关理论研究、城市安全与城市空间格局关系研究、城市空间格局安全优化方法、城市安全空间系统研究以及城市安全空间优化技术研究几个方面进行研究述评。

1.2.2 城市安全问题研究综述

1.2.2.1 国外城市安全问题研究

国外城市安全问题研究大体经历了三个阶段：灾害危险和灾害事件研究阶段、易损性研究阶段和耐灾性研究阶段。

在美国，系统的灾害研究开始于 1950 年代，一般划分为两个研究领域：对灾害危险（Hazards）的研究和对灾害事件（Disasters）的研究。随着灾害危险和灾害事件研究的深入，研究者发现同样的灾害危险、同样的灾害事件作用于不同的承灾体，最后导致的灾害损失并不一样，研究者于是将更多注意力集中于对承灾体的研究。

1960 年代末到 1970 年代，灾害易损性（Vulnerability）的概念被提出。物质易损性的研究提高了人们对灾害危险地区占用的重视，社会易损性研究则强调了人们对灾害的回应能力。在防灾规划和应急规划中分别引入对灾害风险和应急能力的评价，提高了城市安全规划的科学性。易损性本质上是一个基于灾害危险（事件）与承灾体相互关系的概念，是以还原论思想为基础的，因此其在多灾种防灾应急方面的解释力有着天然的缺陷。

耐灾性（Resilience）概念的提出开辟了从系统论角度研究安全问题的全新视角。“Resilience”首先是作为一个力学概念，1970 年代被用于生态学问题的解释，1990 年代开始出现在灾害研究的语境中。它将承灾体作为整体看待，提供了一种承灾体如何应对灾害不确定性及多灾害危险的思路。耐灾性的思想由美国北卡大学教授 D. R. Godschalk[1] 首先引入城市规划领域的灾害研究中，他对“耐灾城市”（Resilience City）的概念、构成和特点进行了阐释，但并未尝试系统理论框架的构建。

1.2.2.2　国内城市安全问题研究

目前，国内城市安全问题研究大体相当于国外第一阶段的水平，即针对灾害危险和灾害事件的分散研究。

在灾害危险研究领域，对自然灾害的研究主要还是集中在工程防灾方面，俞孔坚[2] 提出“反规划”的概念，对以工程防灾为前提的城市防灾提出质疑，强调了城市规划方法在防灾中的作用。针对城市重大危险源布局，吴宗之[3] 对土地利用安全规划进行了开创性的研究。近年来，在城市地理学、建筑学和

[1] GODSCHALK D R. Urban Hazard Mitigation：Creating Resilient Cities [J] . Natural Hazards Review，2003：136-143.

[2] 俞孔坚，李迪华，等. “反规划”途径 [M]. 北京：中国建筑工业出版社，2005.

[3] 吴宗之. 城市土地使用安全规划的方法与内容探讨 [J]. 安全与环境学报，2004（6）：86-90.

城市规划等学科领域都有学者[1][2][3]开始关注犯罪与城市空间的关系。以上研究都处于起步阶段，还有较长的系统化的过程要走，目前还谈不到在安全规划的具体内容中加以反映。

在国内，灾害事件的研究基本上是2003年非典事件以后才引起人们的关注。危机管理、公共安全管理方面的研究逐渐成为热点，在城市安全管理方面以郭济[4]和赵成根[5]的研究较有代表性。

灾害易损性方面的研究在国内主要还是侧重于概念的介绍，郭跃[6]进行了国外该领域的研究综述，葛怡[7]的博士论文关注了社会易损性的定量化分析。

耐灾性的研究主要集中在生态学领域，在灾害研究领域还处于综述介绍阶段[8]，相关概念解释不是很清晰。

对城市安全比较系统的研究目前国内主要是赵运林和沈国明分别主编的两本同名著作，分别提出了“城市安全学”的概念。赵运林[9]认为城市安全学是以科学发展观为指导，以社会学、生态学、经济学作支撑，以和谐城市建设为目标，探索城市安全的本质、机制和规律，研究城市安全的动态变化过程和结果、影响城市安全的因素和机制、危害城市安全的因素和根源、城市安全保障的基础和条件等基本问题，为现代城市建设提供安全观、安全战略、安全对策和安全措施的一门科学。笔者对城市安全学的相关知识进行了全面、系统的阐述，同时详细介绍了城市安全、城市人口安全、城市政治安全、城市经济安全、城市文化安全、城市生态安全、城市交通安全、城市景观安全、

---

[1] 王发曾. 城市犯罪分析与空间防控 [M]. 北京：群众出版社，2003.

[2] 徐磊青. 以环境设计防止犯罪研究与实践30年 [J]. 新建筑，2003（6）：4-7.

[3] 毛媛媛，戴慎志. 犯罪空间分布与环境特征——以上海市为例 [J]. 城市规划学刊，2006（3）：85-93.

[4] 郭济. 政府应急管理实务 [M]. 北京：中共中央党校出版社，2004.

[5] 赵成根. 国外大城市危机管理模式研究 [M]. 北京：北京大学出版社，2006.

[6] 郭跃. 灾害易损性研究的回顾与展望 [J]. 灾害学，2005，20（4）：92-96.

[7] 葛怡. 洪水灾害的社会脆弱性评估研究——以湖南省长沙地区为例 [D]. 北京：北京师范大学，2006.

[8] 刘婧，史培军，葛怡，等. 灾害恢复力研究进展综述 [J]. 地球科学进展，2006，21（2）：211-218.

[9] 赵运林，黄璜. 城市安全学 [M]. 长沙：湖南科学技术出版社，2010.

城市信息安全、城市安全应急系统、城市安全评价与规划、城市安全与现代文明城市等内容。沈国明[1]认为城市安全学是一门以危机管理和国家安全理论为基础，与政治学、社会学、经济学、法学、心理学、新闻学、人才学等多学科理论相互交叉的边缘性新兴学科。笔者综合了国内各方面、各学科专家学者的研究成果，力求将城市特征与已显现突出的综合安全问题，从理论与实践的角度进行全面阐述，并通过大量现实案例分析，为我国城市安全管理提供充分的依据和示范。这两本著作分别从城市系统安全和城市危机管理的角度作了系统论述，遗憾的是都没有形成完整且有说服力的城市安全理论，但对于城市安全学科的发展无疑起到了一定的开拓性作用。

1.2.3　城市安全相关理论综述

1.2.3.1　城市安全与哲学理论

1. 还原论与整体论

所谓还原，是一种把复杂的系统（或者现象、过程）层层分解为其组成部分的过程。还原论（Reductionism）认为，复杂系统可以通过它各个组成部分的行为及其相互作用来加以解释。还原论方法是迄今为止自然科学研究的最基本的方法，人们习惯于以“静止的、孤立的”观点考察组成系统诸要素的行为和性质，然后将这些性质“组装”起来形成对整个系统的描述。例如，为了考察生命，我们首先考察神经系统、消化系统、免疫系统等各个部分的功能和作用，在考察这些系统的时候我们又要了解组成它们的各个器官，要了解器官又必须考察组织，直到最后是对细胞、蛋白质、遗传物质、分子、原子等的考察。现代科学的高度发达表明，还原论是比较合理的研究方法，寻找并研究物质的最基本构件的做法当然是有价值的。

与还原论相反的是整体论（Holism），这种哲学认为，将系统打碎成为它的组成部分的做法是受限制的，对于高度复杂的系统，这种做法就行不通，因此我们应该以整体的系统论观点来考察事物。比如考察一台复杂的机器，还原论者可能会立即拿起螺钉旋具和扳手将机器拆散成几千、几万个零部件，

[1] 沈国明. 城市安全学 [M]. 上海：华东师范大学出版社，2008.

并分别进行考察，这显然耗时费力，效果还不一定很理想。整体论者不这么干，他们采取比较简单一些的办法，不拆散机器，而是试图启动运行这台机器，输入一些指令性的操作，观察机器的反应，从而建立起输入——输出之间的联系，这样就能了解整台机器的功能。整体论基本上是功能主义者，他们试图了解的主要是系统的整体功能，但对系统如何实现这些功能并不过分操心。这样做可以将问题简化，但当然也有可能会丢失一些比较重要的信息。

中华民族在很早以前就对还原论和整体论两种方法论有所认识和比较。在老子的《道德经》第一篇[1]中对此有精彩论述：“有欲观”（即还原论）对事物的认识由“形”（徼）而及于“神”（妙）；“无欲观”（即整体论）则由“神”而及于“形”。两欲观法互相配合，由“徼”及“妙”，又由“妙”及“徼”，互为体用、反复验证，直至完美获取宇宙真实的神形全貌。老子强调，“有欲观法”和“无欲观法”并无此厚彼薄之分，曰：“此两者，同出而异名。”即此两种方法论均为揭开宇宙奥妙之必不可少的方法，而且都源于人类的智慧，殊途而同归，并无高低的区别，只是应用范围有所不同（图1-9），越是复杂的事物，整体观的优势愈加明显。老子认为这两种观法皆具有极高的发幽解昧能力，故曰：“同谓之玄”。

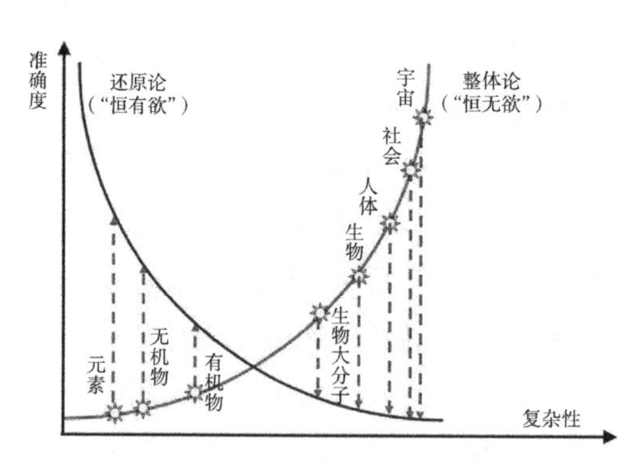

图1–9　整体论与还原论的适用范围

（资料来源：http：//baike.baidu.com）

[1] 道德经第一章原文（马王堆帛书版）：“道，可道，非恒道；名，可名，非恒名。无名，万物之始；有名，万物之母。故恒无欲也，以观其妙；恒有欲也，以观其徼。此两者，同出而异名；同谓之玄，玄之又玄，众妙之门。”

2. 系统论

“处理小系统和大系统的经典系统理论仍大量使用还原方法。但系统规模越大，还原方法越难奏效，越需要运用系统思想从整体上认识和解决问题。”[1] 系统论的产生有着深远的历史、思想渊源，并有赖于现代科学技术基础的支撑。现代系统论是由美籍奥地利生物学家 L.V. 贝塔朗菲创立的，其主要目的是确立适用于系统的一般原则。早在 1924 ~ 1928 年贝塔朗菲发表的多篇文章中就已表达了系统论思想，提出了生物学中的有机概念，强调把生物体作为一个整体或系统来认识，并认为科学的主要目的就是发现不同层次上的组织原理。1968 年，贝塔朗菲发表了《一般系统论》(*General System Theory*)，该书阐明对于不同种类的系统，“适用于一般化的系统的模型、原理、规律是存在的”，一般系统论的“主题是表达和推导对一般‘系统’有效的原理”[2]。一般系统论的概念和原理有：系统、要素、层次、等级秩序、整体性原理、联系性原理、有序性原理、动态性原理等。系统科学以一般系统论的研究与发展为先导，包括了 20 世纪中后期形成的一大批以系统为研究对象的学科，形成了一个庞大的科学技术门类。

另外，很多人以为整体论就是系统论，其实不然。整体论是我们人类在没有能力认识事物内部细节的时候对事物的处理方法，而系统论是人类在已经了解事物内部细节的时候对事物的处理方法，这是完全不同的。整体论对事物的处理，大方向是对的，但是因为不了解细节，这样的处理肯定是带有主观主义和经验主义的成分。这些不足，在有些情况下可能对事物的处理没有明显错误的影响，这是好的结果，但是，一定会有一些情况，这些不足对事物的处理有明显错误的影响，这是不好的结果。在整体论的时代，我们没有办法完全避免后一种情况的发生。这表现在中医临床治疗中就是，宏观上说，中医治疗肯定有效果。但是，具体到一个人的一个疾病上说，就不一定有效果。有时候中医确实对一些疾病的治疗有神奇的效果，但是，有时候治疗效果就很小，或者很慢。而系统论科学完全不是这样的情况。系统论是在整体论的

[1] 苗东升. 系统科学精要 [M]. 北京：中国人民大学出版社，1998：222.

[2] (奥) L. 贝塔朗菲. 一般系统论 [M]. 秋同，袁嘉新，译. 北京：社会科学文献出版社，1987：27.

基础上，经过还原论的分析研究，已经掌握了事物内部的细节，已经知道了决定事物整体功能状态的子系统是谁，在这样的情况下，有目的地针对这个子系统进行处理，并且最终达到改变大系统整体功能状态的目的。整体论就整体论整体，行动是粗糙的，结果是没有保证的。系统论从微观入手，改变整体，四两拨千斤，办法简单，行动准确，目的性强，达到结果有保证。

系统观点是系统科学提供的最新科学观点，它克服了古代整体论和近代还原论的局限，把人们对世界的理解提高到一个新的水平，引导人们把事物作为一个系统来理解，系统论所提出的各项基本原理，把对事物的认识深入到复杂性的内在本质和机制，为研究和理解世界的复杂性开辟了道路。

3. 运用系统论认识城市安全

系统科学的产生发展表明：“不要还原论不行，只要还原论也不行；不要整体论不行，只要整体论也不行。不还原到元素层次，不了解局部的精细结构，我们对系统整体的认识只能是直观的、猜测性的、笼统的，缺乏科学性。没有整体观点，我们对事物的认识只能是零碎的，只见树木，不见森林，不能从整体上把握事物，解决问题。科学的态度是把还原论与整体论结合起来。”❶

系统科学的使命在于超越还原论、发展整体论，实现还原论与整体论的统一。按钱学森的说法“系统论是还原论和整体论的辩证统一”。辩证统一，绝不是两者的机械相加，而是在对两者实行“辩证否定”基础上的有机结合。所谓辩证否定用黑格尔的说法叫“扬弃”，就是既克服又保留。所谓对还原论、整体论实行辩证否定基础上的有机结合，就是在克服抛弃它们的片面的、消极的东西的同时，保留和发扬它们的有益的、积极的东西，并把这些积极的东西在新的形态（系统论）中有机统一起来。可见，系统论是超越了还原论、发展了整体论，实现了还原论与整体论的有机结合、内在统一。这就是：从古代的朴素整体论到近代的还原论（从肯定到否定），从近代的还原论到现代系统论（从否定到否定之否定），正、反、合，在更高基础上回到了原来的出发点，螺旋式上升。❷

❶ 许国志. 系统科学与系统工程研究 [M]. 上海：上海科技教育出版社，2000.

❷ 赵光武. 还原论与整体论相结合探索复杂性 [J]. 北京大学学报，2002（6）: 17.

城市是一个复杂的巨系统，城市安全问题也同样是极其复杂的。人们认识城市安全问题往往一方面只从工程防御的角度去考虑，以为将城市防灾工程研究得越精确越是能够避免灾害；另一方面又只从城市整体外部结构和形象去判断城市安全与否，而忽视了城市某一子系统的安全和潜在灾害隐患。这便是基于还原论与整体论的两种对待城市安全问题的表现，将这两种方法加以综合和扬弃，超越还原论，发展整体论，运用系统论来认识城市安全问题，便是本书对于城市安全理论研究的哲学理论基础。

1.2.3.2　城市安全与生命理论

自 1967 年沙里宁提出“城市是个有机体”以来，人们会在不同的场合、不同的学科研究中有意无意地把城市与生物有机体进行类比或比喻。城市现象与生命现象有很多相似之处，城市的内部组织运转、对外界刺激的反应等现象在不断拉近城市与生命两个概念的距离。那么，是否可以用生命理论解释城市现象，解释它的复杂性和能动性？它会给城市研究和城市规划带来怎样的变化？

朱勍在其博士论文[1]中通过经验分析，用经典生物学中的生命理论解释城市现象，提出了“城市具有生命特征”和“城市生命力”的论点，强调城市规划的核心是维护和壮大城市生命力，应该顺应城市在不同阶段的生命力要求，对其内部存在的各种复杂系统进行整合和引导，使之运转更为顺畅，生命力更加强大。笔者认为，城市规划要充分考虑城市生命力的承载底线，用善待生命的态度善待城市，不能主观、肆意地对待城市。

2010 年上海世博会城市生命馆以“生命”为主线，总揽城市的“生命之旅”。馆内通过高科技的手法，以隐喻的形式，表明城市如同一个生命活体，具备生命的结构和灵魂。城市生生不息，维系于代谢循环，依赖于精神力量，人与城市间的不断调适维持着城市生命和谐，城市生命健康需要人们共同善待和呵护（图 1-10）。

[1] 朱勍. 城市生命力——从生命特征视角认识城市及其演进规律 [M]. 北京：中国建筑工业出版社，2011.

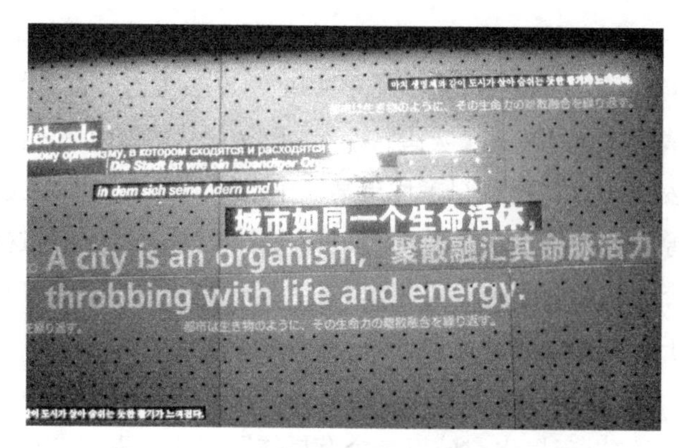

图 1-10　2010 年上海世博会城市生命馆主题

城市安全可以说是城市生命力所维持的一种健康状态，因此，可以将城市的安全状态的维持现象与城市生命活力的维系现象作一个比较研究。适应性是指提高生命体在某些特定环境中生存能力的属性。生命个体的适应性可以是结构上的、功能上的和行为上的，也可以是三者的综合。生物对其生存环境的适应是自然选择的结果。城市作为复杂的系统，在变得越来越强大的同时，也越来越脆弱，长期存在的渐变事件和突发事件干扰着城市的发展，正面的如技术革新、制度革新等，负面的挑战如全球气候变化、灾害频繁、能源危机等，如何在重重挑战与危机中，保存自己并且保持发展活力，是城市亟待解决的问题。仇保兴博士在《复杂科学与城市规划变革》一文[1]中从当代城市规划学的困惑的表象和原因入手，进而提出城市作为复杂自适应系统（CAS，Complex Adaptive System）的基本特征。

城市空间格局和城市防灾功能之间也存在这样的复杂适应性关系，城市空间格局都有着充分的弹性，可以在空间格局基本保持不变的情况下，通过自发地调整组织内容和发挥功能的潜能，取得与功能需求和环境相互适应的关系，这种适应通常表现为一种渐变。而当城市安全与防灾功能的压力增加到一定程度，为适应新的环境和发展需求，城市空间格局的转化就会必然发生，此时城市通过自身的空间格局变化对新的防灾功能需求作出适应，逐渐建立

[1] 仇保兴. 复杂科学与城市规划变革 [J]. 城市规划，2009，33（4）：11-26.

起一种新的动态平衡，与这一过程对应的是城市空间格局的调整和更新，也意味着创新和超越。[1]适应使城市空间格局与城市灾害环境的关系保持动态的平衡与互动，保障了城市的安全稳定。

1.2.3.3 城市安全与弹性理论

1. 弹性理论的起源与发展

弹性概念最早起源于生态学，由美国学者Holling提出[2]，随后不同的学科开始介入研究，但均认为弹性最基本的含义是系统化解外来冲击且维持其主要功能的能力。不同的学术起源以及不同研究传统的世系所造成的不同学科研究的侧重点不同[3]，有的学者强调缓冲力[2]，有的强调灾后恢复的速度[4]。目前，弹性从早期一维的生态视角（Holling）扩展到目前的四维（MCEER：Multidisciplinary Center for Earthquake Engineering Research）：生态、技术、社会和经济。Holling C.是一位将弹性思维应用于实际行动的科学家，他也将弹性思维用于描述世界状态，并提出发生全球性释放阶段的可能性。Holling C.提出了多尺度上的适应性循环以及逆向循环在创造空间和新机遇方面的重要性[5]。Adger W.提出具有弹性的社会—生态系统自身具备的优势，以及这类系统如何凭借这种优势承受变化和意外冲击，并从中吸取教训以提高自身弹性——即使这些冲击是大范围发生的海啸和飓风[6]。基于复杂的系统理论，Berkes F.研究了人类社会如何处理并提升自身能力以适应相互关联的社会—生态系统的变化[7]。《扰沌：理解人类与自然系统的转型》（Panarchy：

[1] 张勇强. 城市空间发展自组织与城市规划 [M]. 南京：东南大学出版社，2006.

[2] HOLLING C S. Resilience and Stability of Ecological Systems[J]. Annual Review of Ecology and Systematics,1973,4：1-23.

[3] ZHOU Hongjian, WANG Jing'ai, WAN Jinhong, et al. Resilience to natural hazards: a geographic perspective[J]. Natural Hazards,2010,53(1)：21-41.

[4] BRUNEAU M, CHANG S E, EGUCHI R T, et al. A Framework to Quantitatively Assess and Enhance the Seismic Resilience of Communities[J]. Earthquake Spectra,2003,19(4)：733-752

[5] HOLLING C S. From Complex Regions to Complex Worlds[J/OL]. Ecology and Society，2004，9（1）：11.www. ecologyandsociety.org/vol9/issl/artll/.

[6] ADGER W. N, HUGHES T P, FOLKE C, et al. Social-Ecological Resilience to Coastal Disasters[J]. Science, 2005, 309：1036-1039.

[7] BERKES F，COLDING J，FOLKE C. Navigating Social-Ecological Systems：Building Resilience for Complexity and Change [M]. Cambridge：Cambridge University Press，2003：416.

Understanding Transformations in Human and Natural Systems）[1]这本书有500多页，由多位专家参与编著。其中的内容构成了弹性理论框架的基础。该书陈述了弹性理论的思维、内容及其影响，也对社会—生态系统动态特征的一系列理论与经验观点提出了挑战。Jen E. 在《强健设计：一份生物、生态和工程案例研究的报告》（*Robust Design：A Repertoire of Biological，Ecological and Engineering Case Studies*）[2]一书中对稳健性的研究着眼于系统在遭遇干扰时保存其特性的能力。弹性和稳健性尽管在着眼点和内容上有所不同，但它们仍然是两个相互关联的概念。本书探索了它们之间的差别，并讨论了具有不同形态和规模的复杂系统的稳健性。

我们生活在一个错综复杂的世界中。在参与管理这个世界的某些方面中，每个人如果能更深地理解弹性理论及其含意，就会从中获益良多。Walker和Salt的著作《弹性思维：不断变化的世界中社会—生态系统的可持续性》（*Resilience Thinking：Sustaining Ecosystems and People in a Changing World*）[3]，对其理论作了深入浅出的论述。该书大量运用个案分析以及弹性联盟的研究，运用非技术性写作手段和引人入胜的写作风格，深入浅出地分析了一系列环境问题，全景式地展示了弹性理论的框架，为城市安全问题研究提供了有力的理论基础。

2. 弹性理论核心概念——阈值

阈值是弹性思维的核心内容，其意义在于让人们在管理社会—生态系统时，人类的行为必须不超越系统的弹性。[4]

图1-11中的球表示社会—生态系统的状态。球在盆体中不停运动，一个盆体则代表了一组状态。这组状态具有同样的功能与反馈，使得球的运动趋

[1] GUNDERSON L H，HOLLING C S，eds. Panarchy：Understanding Transformations in Human and Nnatural Systems[M]. Washington D. C.：Island Press，2002.

[2] Jen E. Robust Design：A Repertoire of Biological，Ecological and Engineering Case Studies[M]. Oxford University Press，2005.

[3] WALKER B，SALT D. Resilience Thinking：Sustaining Ecosystems and People in a Changing World[M]. Island Press，2006.

[4] 沃克，索尔克. 弹性思维：不断变化的世界中社会—生态系统的可持续性[M]. 彭少麟，陈宝明，赵琼，等，译. 北京：高等教育出版社，2010.

于平衡。虚线表示将不同盆体分开的阈值。

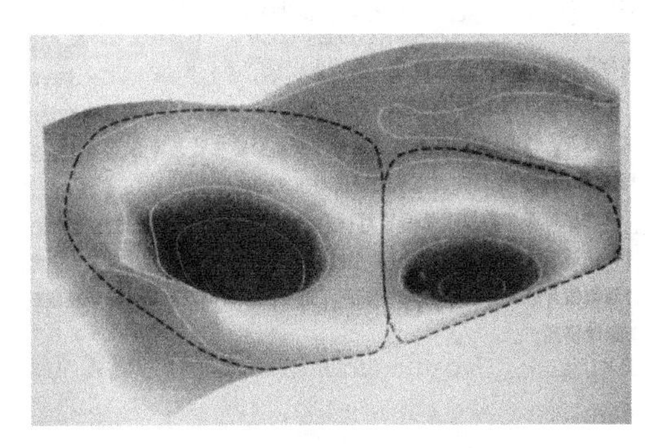

图 1–11　系统的球—盆模型

（资料来源：沃克，索尔克．弹性思维：不断变化的世界中社会—生态系统的可持续性 [M]. 彭少麟，陈宝明，赵琼，等，译．北京：高等教育出版社，2010）

态势 1（R1）（沉积物低磷水平）对于外界磷突然输入具有完全的弹性回复力（如图 1-12 所示：球在该单一盆体的深度说明其恢复能力），随着磷不断积累，湖泊逐渐丧失弹性，盆体变平，新盆体出现，此时湖泊则易受到磷含量突增（如随暴雨产生）的干扰，最终导致该系统被轻易推至新的引力域（态势 2，R2），湖泊变得浑浊。

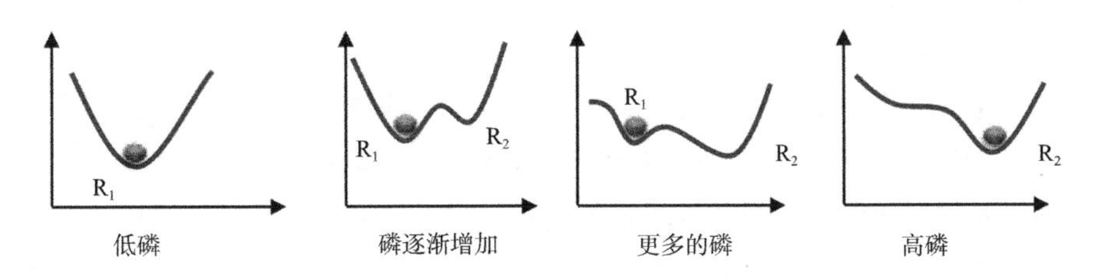

图 1–12　球—盆体模型二维示意图 [1]

（资料来源：沃克，索尔克．弹性思维：不断变化的世界中社会—生态系统的可持续性 [M]. 彭少麟，陈宝明，赵琼，等，译．北京：高等教育出版社，2010）

3. 城市弹性与城市安全

弹性理论与城市系统相结合，开拓了城市学研究的内容与视野，Alberti

[1] 磷持续输入导致湖泊生态系统发生变化。

将城市弹性定义为：城市一系列结构和过程变化重组之前，所能够吸收与化解变化的程度[1]。Resilience Alliance 将城市弹性定义为：城市或城市系统能够消化并吸收外界的干扰，且仍然能够保持原有的特征、结构和关键过程。但实际上城市弹性不仅包括城市系统能够调整自己，应对各种不确定性和突然袭击，还包括将积极的机遇转化为资本的能力[2]。而这正好是城市安全表征的特性之一——“耐灾性”的基本要求。弹性（Resilience）概念如果运用到城市安全中便是耐灾性（Disaster Resilience），“此二者，同出而异名”，只是运用到不同的研究领域罢了。Resilience Alliance 指出城市弹性研究有四个优先领域：

（1）城市新陈代谢流——支撑城市功能发挥、人类健康以及生活质量；

（2）社会动力——人类学、人类资本和不公正；

（3）管治网络——社会学习、适应以及自组织能力；

（4）建设环境——城市形态的物理模式、空间关系和相互作用[3]，涉及生态、工程、经济和社会四个领域，互相交叉，但各自强调弹性城市建设的不同侧面[4]。

而笔者此次研究的主要视角也就聚焦在生态和工程领域“建设环境”的弹性上，即“城市空间格局”的“耐灾性”。

1.2.3.4　城市安全与医学理论

1. 城市安全与人体健康

城市的安全有如人体的健康，无灾而安，无病则康。城市防灾救灾则如同人体的防病治病，对于人体疾病，中医和西医结合互补，能达到非常好的疗效，对于城市灾害，我们是否也可以运用两种方法进行综合防救呢？

中医治疗着眼于“调整阴阳，扶正祛邪，治病求本”的基本原则，注重

---

[1] ALBERTI M，MARZLUFF J，SHULENBERGER E，et al.. Integrating Humans into Ecosystems：Opportunities and Challenges for Urban Ecology[J]. BioScience，2003，53（4）：1176.

[2] BERKES F，COLDING J，FOLKE C，et al.. Navigating Social-Ecological Systems：Building Resilience for Complexity and Change [M]. Cambridge：Cambridge University Press，2003：416.

[3] Resilience Alliance. Urban Resilience Research Prospectus[R]. 2007.

[4] LEICHENKO R. Climate Change and Urban Resilience[J]. Current Opinion in Environmental Sustainability，2011，3：1-5.

功能的恢复，以及新的平衡的建立。强调防、治、养并重，“未病先防，既病防变”，“三分治疗，七分调养”[1]。治疗还注重社会心理因素的调节，强调治疗个体化，比如同为感冒发热，中医可能根据四诊归结为不同的症型而采用不同的治疗，即“对症下药”，而这种情况西医常常用同一种药。对于城市灾害的对应，我们也应该注重其自身的修复功能与平衡，强调“灾前先防，灾中防变”，多作灾前准备，发生灾害时注意次生灾害的发生。同时也要注意防灾“辨症论治，个体化治理”，针对不同城市面临的不同灾害采取特定的措施。

西医治病注重形态、生理、生化、病理等指标的恢复，这对于诊断病情和恢复健康有极为精确的指引。对于城市我们也可以理出一些判别城市安全的布局形态、安全压力和数量平衡等指标，有利于城市安全的自我诊断和有针对性的调节修复。

由于中、西医在治疗上各有千秋，从而催生了中西医结合的想法。中医与西医结合的主要特点之一是在诊断上体现辨症与辨病的结合，从而逐渐形成一种新的医学诊断思路[2]。中西医的结合有利于疾病的早期诊断、早期治疗；有利于启发治疗思路以解决无症可辨的困境，并且丰富和发展了传统中医学的辨症论治。辨症与辨病相结合是中西医结合诊治疾病的基本思路[3]。

因此，对于慢性病运用中医的“辨症”与“防养”方法，对于急性病则运用西医的“辨病”与“治疗”方法，所谓“缓则治本，急则治标”，两者的互补作用对城市安全的防救有很大启发。可以对日常灾害采用“优化空间”和“提升系统功能”的方法，而对非常灾害采用“灾害评估”和“加强反应能力”的方法。

2. 城市灾害防救与人体疾病免疫

城市面对灾害的反应系统，在于灾害防救体制以及在灾害发生后如何将其经验转化成防治灾害的对策，如同免疫系统为保护人体对疾病病源所产生

[1] 刘克林. 试论中西医双重诊断的必要性 [J]. 四川中医，2007，25（9）：11-12.

[2] 苗凌娜，李文占. 中医现代化和中西医结合诊治方法探讨 [J]. 现代中西医结合杂志，2007，16（10）：2659-2660.

[3] 王荣田，王芝兰. 关于中西医结合的几点思考 [J]. 中医药信息，2004，21（6）：1-3，64.

的反应机制，而免疫学（Immunology）是研究身体防卫机制的一门学问，它主要是研究身体里正常细胞（Cell）如何消灭异常细胞（Non-cell）或外来异物（包括生物如细胞、病毒及非生物等）的生理反应。

上天赋予人类生命，其实也同时赋予对抗侵犯人体正常功能的系统，这个系统就是所谓的“免疫系统”。免疫系统就好像一个国家的军队一般，当身体无论是内部或外部因素所导致的功能失常时，它都必须担任起扫除这个影响身体机能正常运作因素的责任，但免疫系统本身也是会生病的，因此健全及维持免疫系统的正常功能，可说是想要常葆健康的首要条件。剥夺现代人生命最多的癌症，主要、关键的原因即是免疫系统无法完全发挥作用，因为免疫系统无法彻底杀灭侵害人体正常功能的癌细胞，导致癌细胞的无限制蔓延，最后终于将人体拥有正常功能的器官完全取代。

而城市面对灾害的反应系统在于救灾的体制，这以及在灾害发生后的教训转化成防治灾害的对策，如同免疫系统为保护人体产生抗体一样的反应机制。

可以用“城市免疫系统”来称呼防救灾体制，这是一种观念的建立，从自然界中观察免疫系统对抗病菌，将城市对抗灾害的观点建立在这种对抗形式之上，借由免疫系统的反应机制去建构城市防救灾体制程序与组织。而要将免疫系统观念用于城市，必定要先将城市转化成人体构造，再将灾害依照其特性与破坏方式，转化成伤病如何侵害人体的方式，才能逐一针对各种灾害建立城市之免疫系统。

假设以人体比喻为城市，城市中任何的破坏行为就如同疾病或外伤对于身体的损坏，城市中生活的动植物与人类就有如身体中不同的活动细胞，从新生、成熟到老化不断地更新换代；城市中的道路成为身体血管的构造，为细胞带来养分送走废弃物与空间转移的管道，血肉、躯壳、骨干等则可理解成整个城市的组成样貌；而灾害因影响程度的大小与预测防范的难易度，可以理解为疾病与外力介入的伤害，依据灾害的不同特性区分成慢性疾病、急症、感染、外伤与绝症等分类；对于城市灾害的风险评估与防范我们可以理解成医疗检查与保健的行为，通过诊断的方式发现灾害的存在，利用病史的累积与传染侵袭警告来防范灾害，更通过救援的医疗行为治疗灾害的伤害。

3. 医学对城市安全研究的启示

城市本身是一个有机整体，与自然结合也是一个有机整体，城市依赖于自然生态环境而生存发展，自然界的一切变化，均会直接或间接地威胁城市，特别是一旦气候环境条件的变化超过城市的适应机能，或由于城市的调节机能失调，不能对外界变化作出适应性的调节，就会产生“城市病”，重者会发生大型城市灾害。

“身体是机器，疾病是机器故障的结果，医生的任务是修理机器。”对西医理论提出批评的美国医学家恩格尔认为，这种观点是形成生物医学模式的主要思想根源之一，现代医学家们正在对这种观点进行批判，回过头来重新考虑“人”。“生物医学模式的还原论忽略整体，造成医生集中注意力于躯体和疾病，忽视了病人是一个人。”“整体医学将病人看成是一个有机联系的完整人体”，“它并不把疾病看成敌人，而是看作人体内部变化的一种反映和信息”。“保健和治疗必须针对处于某种环境中的作为整体的人，并以此作评价。”从“治病”转向“治人”，通过“治人”而“治病”，这是从还原论思路向系统论思路的发展，是现代医学发展的新趋势。而这又正是中医学的固有传统认识。中医学的治疗思想虽不排除局部性治疗的内容，但就其主导倾向来看，是以对人的整体调节为轴心的。“任何有效的治疗都不过是为痊愈创造了有利条件，或者缓解了病情，为机体自愈争取了时间。疾病的痊愈终归还得依靠人体本身的自愈能力，包括免疫、防御、代偿、修复、适应等机能。”[1]

城市灾害与人体疾病的相似性也为一些城市安全研究学者所关注。台湾的蔡柏全在其研究中将城市防灾与疾病治疗之间进行了类比。“灾害因影响程度的大小，与预测防范的难易度，可以被转化成疾病与外力介入的伤害，更依据灾害的不同特征区分成慢性疾病、急症、感染、外伤与绝症等分类：对于都市防灾的监测与防范我们可以转化成医疗与保健的行为，透过诊断的方式发现灾害的存在，利用病史的累积与传染侵袭警告来防范灾害，更透过救援的医疗行为治疗灾害的伤害，有效的灾害防救计划即是都市对于灾害的免

[1] 祝世讷，孙桂莲. 中医系统论 [M]. 重庆：重庆出版社，1990：174.

疫系统。”[1] 但他提到的这种关系还是建立在还原论的基础上，并未从城市作为完整系统的角度进行防灾的理论思考。其他还有弗里兹和巴顿等提出的“疗愈型社区（the rapeutic community）”，用来描述那些在灾后出现大量合作行为和利他主义行为，并自发地组织起来应对灾害的社区[2]。日本也有学者将医疗术语用于城市灾害研究提出“城市诊断（urban diagnosis）”的概念，强调整合的灾害风险管理[3]。这些研究只是在城市灾害研究的某些方面对医学概念的借用，并未进行更深入的关系探讨。本书尝试借鉴医学领域业已发生的从还原论到系统论的认识论层次的变革，将其引入城市安全问题的研究，尝试对建立城市空间安全优化研究范式进行探讨。

1.2.3.5　城市安全与城市规划

在传统城市规划中，安全问题历来受到重视，城市的选址要避开自然灾害，构筑城墙用来进行防卫。现代城市规划的产生较为直接的原因在于工业化过程中恶劣的城市环境以及由此而导致的流行病蔓延。1848 年英国《公共卫生法》（Public Health Act）的制定是一系列社会改良行动中的决定性事件，也被认为是近代城市规划的开端。后来随着热兵器的发展使得城墙的防护作用降低，工程技术的发展使得城市抵抗自然灾害的能力提高，以及城市的经济功能越来越被强调，城市安全逐渐由城市规划的核心价值衰变为边缘地位。新世纪城市安全问题呈现新的趋势。恐怖袭击、致命传染病重新唤醒城市规划对于安全问题的关注，工程防灾作用的有限性让人们考虑用城市规划的方法更为长久地解决城市安全问题，以人为本的普世价值重新开始成为城市规划的目标。城市安全正在实现着作为城市规划核心价值的回归。城市规划中的城市安全研究经历了从自然灾害研究到灾害应急研究再到安全城市研究的转变（图 1-13）。

[1] 蔡柏全. 都市灾害防救管理体系及避难圈域适宜规模之探究——以嘉义市为例 [D]. 台南：成功大学，2002.

[2] 赵延东. 社会资本与灾后恢复——一项自然灾害的社会学研究 [J]. 社会学研究，2007（5）：164-187，245.

[3] OKADA N. YOKOMATSU M，SUZUKI Y，et al. Urban Diagnosis as a Methodology of Integra Management[Z]. Annuals of Disas. Prev. Res. Inst.，Kyoto Univ.，No. 49 C，2006.

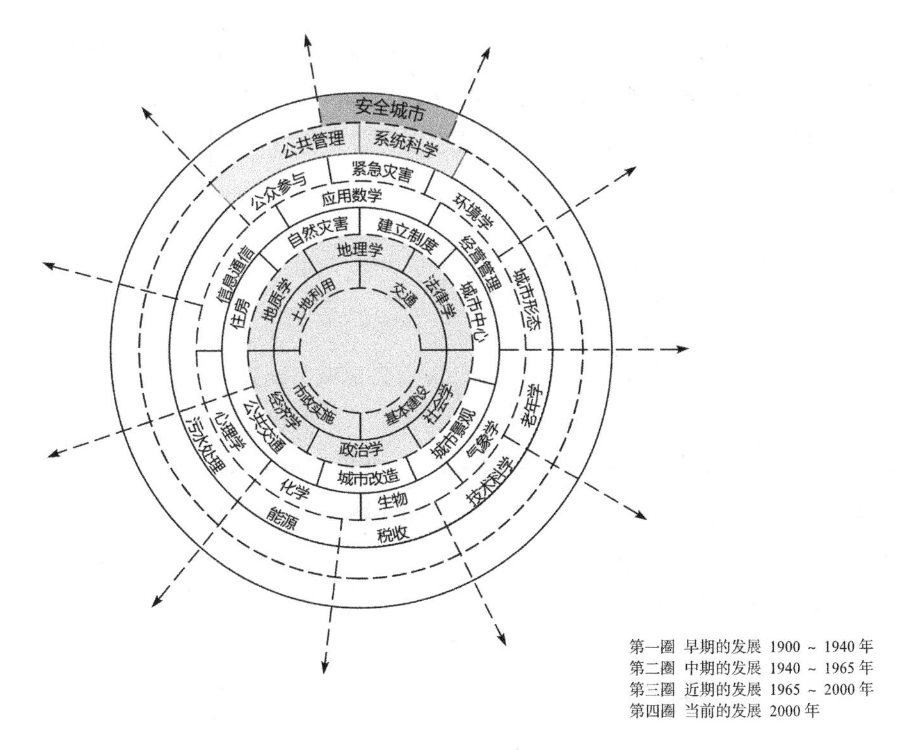

图 1–13 城市规划相关学科的演变

（资料来源：吴良镛 . 人居环境科学导论 [M]. 北京：中国建筑工业出版社，2001：286）

从城市规划与建设的角度来讲，城市综合防灾是指城市应对广域性的重大灾害，在灾前预防、灾害抢救、灾后重建等各阶段中，应该进行的各项城市防灾规划、城市防灾设施建设及城市防救灾管理工作。也就是说，通过城市规划及公共设施建设能够增进城市空间及城市服务设施的防灾功能，并且能够有效促进规划、设施与防救灾管理工作相结合。

城市规划是最有效的防灾手段。城市的建设用地选择、布局形态、交通系统、绿地生态、基础设施的规划都与城市的综合防灾密切联系。同时，城市防灾也是城市规划的重要目标，没有安全作为基础，其他的城市功能将无从谈起。

城市防灾在城市规划中的地位得到了法律上的保障。2007 年 10 月 28 日，第十届全国人民代表大会常务委员会第三十次会议通过的《中华人民共和国城乡规划法》中对综合防灾有明确的规定。目前，我国的综合防灾减灾正在渐渐成为城市规划的一项重要内容。我国 2006 年 4 月 1 日起施行的《城市规划编制办法》将“建立综合防灾体系的原则和建设方针”列入了城市规划的编制内容中。

1.2.4 安全城市空间格局研究综述

1.2.4.1 安全城市研究

美国北卡大学教授 David R. Godschalk 首先从城市减灾的角度提出“耐灾城市”（Resilience City）的概念、构成和特点，认为城市是复杂和相互依存的系统，极易受到自然灾害和恐怖主义的威胁。要能够承受这两种类型的威胁，他提出创建一种以城市综合防灾为目的的弹性城市，认为弹性和恐怖事件之间存在着一定的关系，并讨论为什么恢复能力非常重要，以及如何在物质系统和社会系统两方面运用其原则进行恢复。还认为当前的减灾政策和措施无法处理城市在受到威胁时比较极端的问题，建议弹性城市采取一些重大举措，包括扩大城市系统的研究、教育和培训，参与城市建设和减灾的专业团体应该增加相互合作。

Godschalk 关于“耐灾城市”概念的提出，将当前学术界对灾害研究的最新认识成果引入到城乡规划学科的灾害研究中，使得建立真正属于城乡规划学科的安全研究范畴成为可能。他提出为了应对城市安全问题的不确定性，将城市作为完整的物质和社会系统来进行研究的概念，克服了传统城市安全研究对城市系统的割裂。本书以此作为研究立论的基础，进一步尝试构建关于城市空间格局安全的理论，期望对“耐灾城市”概念有理论上的发展，并能够为提升城市空间格局耐灾性的规划实践进行解释和指导。

在“耐灾城市”这一概念提出后，北卡大学和麻省理工学院联合编著的《耐灾城市：现代城市如何从灾害中恢复》（*The Resilient City: How Modern Cities Recover from Disaster*）[1] 一书中主要研究和探讨了世界各地的城市灾难以及灾后城市生活恢复中的各方面问题，如城市为什么重建，对未来的设想如何被

[1] 由麻省理工学院都市研究与规划系主任 Lawrence J. Vale 教授主编。

纳入新的城市景观，以及灾害如何透过重建方式被诠释和纪念。一个由史学家、建筑师和城市研究专家组成的国际小组研究了各种遭受过创伤的城市和城市毁伤事件，通过研究，揭示了城市在遭受灾难毁坏后复兴的不同途径和可以共享的经验。

张翰卿将“安全城市”定义为对自然灾害、社会突发事件等具有有效的抵御能力，并能在环境、社会、人身健康等方面保持一种动态均衡和协调发展，能为城市居民提供良好秩序、舒适生活空间和人身安全的地域社会共同体[1]。笔者认为，“安全城市”强调从城市系统本身考虑城市安全问题的对策，注重城市自身安全能力的建设。城市安全问题的复杂性决定了城市安全问题的解决也必须是多种手段的综合应用。“安全城市”的基本要求是通过城市空间结构和组织结构两个方面的优化，从而能够有效应对各种充满不确定性的针对城市安全的威胁。本书的研究主要是针对前者，即通过城市自身空间的优化来应对不确定性的针对城市安全的威胁。

1.2.4.2　城市安全与城市空间格局关系研究

城市安全与城市空间格局的关系内容分散在各学科领域，主要是地理学和城市规划设计等学科。

自然灾害（地震、地质灾害、洪水）与城市选址、布局、形态关系属传统的研究领域。阪神大地震反映出生命线系统防灾的重要性，新奥尔良飓风水灾对传统工程防灾的作用提出质疑，JAPA（Journal of the American Planning Association）出版专辑进行了相关讨论。国内学者俞孔坚等提出“洪水安全格局”的概念，强调生态措施的防洪作用，认为工程防洪具有局限性[2]。

技术灾害和社会灾害与城市空间格局关系的研究近年来越来越受到关注，“9・11”恐怖袭击后，有学者讨论恐怖袭击对城市形态的影响；还有恐怖袭

[1] 张翰卿. 安全城市规划理论与方法研究 [D]. 上海：同济大学，2009.

[2] 俞孔坚，李迪华，等. “反规划”途径 [M]. 北京：中国建筑工业出版社，2005.

击对城市空间景观影响的讨论，例如耶路撒冷[1]和伦敦[2]。城市骚乱与城市移民及郊区政策的关系也受到关注，JAPA 专辑还讨论了传染病与城市规划的关系，冷战与城市规划的关系，在城市历史研究领域成为一个研究方向，有学者对美国郊区化给出防御原子战争的解释。

在灾害与城市空间的关系方面，学者大多从防灾和城市空间形态设计互动的角度提出城市空间设计方法。段进结合 SARS 事件，提出应关注城市防灾与城市整体形态的互动研究，这将有利于城市的防灾与减灾[3]。谷溢研究了防灾型城市设计，提出应该把"空间设计"与"防灾功能"有机结合起来[4]。刘海燕从城市绿地系统、城市道路交通和城市基础设施三方面分析了城市形态与城市防灾之间的辩证关系[5]。郭美锋认为，防灾绿地作为"柔性"空间，在城市防灾、避灾、减灾及灾后重建过程中具有无可替代的作用，应构建具有合理的层级结构和均衡分布的城市防灾绿地网络，建立城市防灾绿地的补偿机制，从而在根本上有利于城市的防灾与减灾[6]。曾坚等对 CBD 的灾害进行分类，对灾害特征进行了总结，进而提出基于安全角度的 CBD 空间形态设计需要注意的问题[7]。孙晓峰等以海南岛东线城市为例，研究了典型灾害对环岛城市带的影响，提出应配合防灾体系进行城市规划布局[8]。Xu、Lu 通过对过去 100 年的 14 场世界著名的地震震前预防和灾后重建的比较研究，分析这些地震在恢复和重建过程中的各种问题和所造成的巨大损害的原因，并在基于

---

❶ SAVITCH H. V., ARDASHEV G. Does Terror Have an Urban Future? [J]. Urban Studies, 2001, 38(13): 2515-2533.

❷ COAFFEE, J. Rings of Steel, Rings of Concrete and Rings of Confidence: Designing out Terrorism in Central London Pre and Post September 11th[J]. International Journal of Urban and Regional Research, 2004, 28 (1): 201-211.

❸ 段进，李志明，卢波. 论防范城市灾害的城市形态优化：由 SARS 引发的对当前城市建设中问题的思考 [J]. 城市规划，2003（7）: 61-63.

❹ 谷溢. 防灾型城市设计——城市设计的防灾化发展方向 [D]. 天津：天津大学，2006.

❺ 刘海燕. 基于城市综合防灾的城市形态优化研究 [D]. 西安：西安建筑科技大学，2005.

❻ 郭美锋，刘晓明. 构建具有"柔性结构"的防灾城市：由伊朗巴姆大地震引发的对当前城市防灾绿地建设中问题的思考 [J]. 北京林业大学学报（社会科学版），2006（1）: 20-23.

❼ 曾坚，左长安. CBD 空间规划设计中的防灾减灾策略探析 [J]. 建筑学报，2010（11）: 75-79.

❽ 孙晓峰，曾坚，吴卉. 海南岛典型灾害对东线环岛城市带的影响 [J]. 城市问题，2011（04）: 37-41.

2008年汶川地震灾后恢复和重建的理论研究和实地调查的基础上，提出灾后恢复和重建的综合集成模式，其思想基础是综合集成方法，并使用一个集成框架的实际实现[1]。

总的来看，城市安全与城市空间格局的关系主要还是采取对具体灾害案例进行分析，自然灾害与城市空间格局方面的研究较多，新的防灾理念的影响受到了关注。技术灾害和社会灾害与城市空间格局关系的研究刚刚起步，影响的机制更复杂，研究的难度也较大。

1.2.4.3 城市空间格局安全优化方法研究

城市形态与城市防灾关系受到日本学者的重视，神户市从大地震中得到教训，要将神户建设成多核心的网络型的城市[2]。村桥正武提到："从城市受灾的教训中认识到，应建立合理的城市结构，即以防灾为目的，把城市划分成若干个街区，并将城市的职能和主要设施分散到各个街区中去。这样即使受灾的范围比较大，城市功能也不会完全丧失。此外，不要在灾害发生后才采取特别的城市建设措施，而是在平时的城市建设中就应提高主要设施的抗震标准，留有一定的余地。使城市空间和基础设施既能在平时让市民方便、舒适地使用，又能在灾害发生时具有社区中心功能，保证整个城市救灾功能的发挥。采用自动防灾装置的设计思想，建立多层次、多重性的城市网络系统。"在国内，段进等提出建立间隙式的城市空间格局有利于城市防灾[3]。张翰卿在其博士学位论文中谈到了基于安全的城市空间结构优化，从城市层面针对城市的重要目标、空间系统和总体布局三个方面解释了优化内涵[4]，但没有形成系统的城市空间格局理论框架。

总的来说，现有的城市空间格局安全优化方法主要还是针对某一主要自然灾害进行的，实际上对防范其他类型灾害也是有效果的，如技术灾害和社

---

[1] Xu J P，Lu Y. Meta-synthesis Pattern of Post-Disaster Recovery and Reconstruction：Based on Actual Investigation on 2008 Wenchuan Earthquake [J]. Natural Hazards，2012，60（2）：199-222.

[2] 村桥正武. 关于神户市城市结构及城市核心的形成 [J]. 朱青，译. 国外城市规划，1996（4）：16-20.

[3] 段进，李志明，卢波. 论防范城市灾害的城市形态优化——由 SARS 引发的对当前城市建设中问题的思考 [J]. 城市规划，2003（7）：61-63.

[4] 张翰卿. 安全城市规划理论与方法研究 [D]. 上海：同济大学，2009.

会灾害，需要进行系统的归纳和总结。

1.2.4.4 城市安全空间系统研究

在安全空间系统研究领域，日本防灾生活圈的研究较为系统、全面，中国台湾学者蔡柏全借鉴日本防灾经验，对防灾空间系统进行了研究，并应用于防灾规划编制实践[1]。中国大陆，童林旭提出：在多种综合防灾措施中，充分调动各种城市空间的防灾潜力，建立以地下空间为主体的城市综合防灾空间体系，为城市居民提供安全的防灾空间和救灾空间[2]。金磊、吕元等也先后在其论文中提到城市应加强防灾空间的研究[3][4]。施小斌在其硕士论文中以城市开放空间为研究主体，分析了城市开放空间的防灾机能，阐述了城市应急避险空间规划的主要内容及所应遵循的基本原则，并应用 GIS 技术评价西安市城市开放空间的规划，给出了相应建议[5]。吕元在其博士论文中从城市防灾角度出发，建立了城市防灾空间的概念，并提出了制定城市防灾空间系统规划的策略[6]。苏幼坡编著出版了城市避难空间研究的著作[7]。国家规范《防灾避难场所设计规范》GB 51143—2015 则对与防灾避难场所相关的专项规划提出强制性要求。

1.2.4.5 城市安全空间优化技术研究

随着计算机技术和地理信息技术（GIS）的不断发展和成熟，在关于城市空间结构优化的研究领域，一些新的方法和模型已相继产生、建立，也已被国内不同相关学科领域（地理学、城市规划、空间信息学等）的研究者们吸收和借鉴，并通过对其加以改进或扩展，应用于实证分析和研究中。这些方法和模型的一部分，也已经开始在城市安全防灾研究中采用，同时，还有进

---

❶ 蔡柏全. 都市灾害防救管理体系及避难圈域适宜规模之探究——以嘉义市为例 [D]. 台南：成功大学，2002.

❷ 童林旭. 地下空间概论（一）[J]. 地下空间，2004（1）：133-136，142.

❸ 金磊. 构造城市防灾空间——21 世纪城市功能设计的关键 [J]. 工程设计 CAD 与智能建筑，2001（8）：6-7，12.

❹ 吕元，胡斌. 城市防灾空间理念解析 [J]. 低温建筑技术，2004（5）：36-37.

❺ 施小斌. 城市空间效能分析及优化选址 [D]. 西安：西安建筑科技大学，2006.

❻ 吕元. 城市防灾空间系统规划策略研究 [D]. 北京：北京工业大学，2004.

❼ 苏幼坡. 城市灾害避难与避难疏散场所 [M]. 北京：科学普及出版社，2006.

一步挖掘的应用潜力。

设施选址与布局优化在安全防灾方面的研究相对较多，包括城市应急系统优化选址[1]、城市防灾减灾设施的层级选址[2]等方面。除了基于GIS的网络空间分配法和土地适宜性分析方法外，区位—配置模型[3]（Location – Allocation Model，简称LA模型），以其强大的演算和模拟能力，在解决寻找最优的设施区位问题上有其独特之处。不过，LA模型的具体应用需要结合具体的优化目标和策略，如果想有效地整合到城市安全防灾研究中，还期待深入的探索。

随着系统工程、最优化理论的不断发展，很多新的优化方法和算法不断被引入网络及管网优化设计中。这类管网优化主要是以经济性为目标函数，而将其他因素作为约束条件，这样处理的结果使最终方案在安全性上不够完善。李杰开发了基于GIS的城市生命线系统可靠度分析软件，主要针对给水管网和燃气管网的安全优化[4]。

基于安全的城市空间的研究方法包括基于空间位置邻近关系的GIS空间分析、描述型的空间分布分析模型（尤其是空间聚类分析）和空间句法。其中，空间句法在国内的研究仍属于较新的探索领域，它以连接值和集成度为主要的形态变量来量化地描述空间格局的整体和局部特性，可对城市的公共空间、建筑对象和与之相关的人流或交通集聚的问题进行分析。既然城市安全空间直接与人类的活动相联系，空间句法便可用来描述安全城市空间格局模式，还可进一步将其与社会经济等概念相关联，对建筑与城市的安全功能进行分析和解释。但是，如何解决因同一空间可承载不同功能而产生空间使用决策的冲突或不确定性问题，有待客观地、创新地探讨。

方案规划（Scenario Planning）方法是一种重要的规划支持方法，其主旨

[1] 方磊，何建敏. 城市应急系统优化选址决策模型和算法 [J]. 管理科学学报，2005，8（1）：12-16.

[2] 陈志宗，尤建新. 城市防灾减灾设施的层级选址问题建模 [J]. 自然灾害学报，2005，14（2）：131-135.

[3] LA模型的含义是指为一个或多个公共服务设施选择最佳（或者说最优化的）分布点，以使服务能够以最有效的方式，更好地与需求点接近。

[4] 刘小坛，刘威，李杰. 生命线网络系统抗震拓扑优化的Benchmark模型 [J]. 防灾减灾工程学报，2007（3）：258-264.

是在不同策略和决策要求的前提下产生不同的规划方案，并提供给决策者参考[1]。而以 what if 软件为代表的典型工具为该思想的实现提供了强大的定性、定量的技术支持。该方法可以为模拟灾害的空间影响提供崭新的思路。

早在 21 世纪初，美国联邦应急管理局（FEMA）根据与国家建筑研究院达成的合作协议，通过基于微机的 HAZUS 地理信息系统软件，形成全国范围的损失评估标准方法，美国联邦应急管理局开发的这套软件主要考虑由地震及其次生灾害引起的直接和间接的经济损失。美国联邦应急管理局还计划将 HAZUS 扩展到其他灾害，如洪水和飓风等。由我国国家安全生产监督管理局安全科学技术研究中心开发的“城市安全地理信息系统软件（CSGISV1.0）”，集成了安全规划、应急决策与管理、危险源分析与管理三大功能。

1.2.5 本研究与已有成果的比较

当前，城市安全问题的研究引起各学科领域的重视，并形成了前文综述的研究成果，但是如何结合城乡规划学科自身特点，有侧重地研究城市安全的问题在学术界并未很好解决。面对越来越普遍的非传统安全问题，泛化理解城市安全和各学科同质研究的现象非常突出，本书从城市规划的角度来理解和解释城市安全，并对城市空间安全的范畴进行界定，以有利于从城市空间安全问题方面展开研究。

城市空间格局是各种人类活动与功能组织在城市地域上的空间投影。城市规划是各学科领域城市空间理论的共同应用方向，城市规划理论体系中的城市空间理论也是在各学科领域空间理论的吸收、继承、整合基础上改造发展而形成。基于安全的城市空间格局优化研究，是城乡规划学科中城市空间安全问题研究最主要的内容。

1.2.6 本研究拟解决问题

本次研究是城市安全规划研究领域的一部分，是城乡规划学、城市安全学、城市灾害学等研究领域的交叉领域。笔者试图以城市整体空间格局为主要的

[1] 杜宁睿，李渊. 规划支持系统（PSS）及其在城市空间规划决策中的应用 [J]. 武汉大学学报（工学版），2005（1）：137-142.

研究对象，通过本次研究拟回答以下几个关键问题：

（1）如何评价城市空间格局安全（指标）？

（2）影响城市空间格局安全有哪些安全空间变量（模型）？

（3）如何调控整体安全空间变量来提升城市空间格局安全水平（方法）？

（4）如何优化安全空间要素布局以平衡安全性与经济性的矛盾（目标）？

1.3 研究范畴与目标

1.3.1 研究范畴

1.3.1.1 题目解析

一个研究的题目就是一个研究的灵魂，其界定了基本的研究领域、内容和目标导向。本书题目为“基于安全的城市空间格局优化研究”,也可称为“优化空间格局，构建安全城市”，英文表述为“Optimizing Spatial Pattern for a Safer City”（通过优化空间格局来构建更加安全的城市）。

基本的着眼点在于三个方面：安全、城市空间格局和优化。安全城市空间格局就是指基于城市安全理念构建的城市空间格局。城市安全是城市空间格局构建的理论指导，但研究的最终目的需要落实到城市空间格局上。

“安全”和“城市空间格局”是两个互相影响的概念界定，是论题的主体，也反映了本书研究的主要内容——研究“安全”和“城市空间格局”之间的影响因子与调控机制。其中，“安全”体现了一种价值观导向，是人们思想中既定的想要追求的一种状态，在现实中表现为针对客观实体和行为的一系列的规则和秩序。“城市空间格局”体现了一定的客观实体关系，是一种客观的物质存在，能够成为人们调整和建构的对象。

“城市安全”置于“城市空间格局”之前，即表示“城市安全”是对于“城市空间格局”的限定和价值观导向。在这两个概念之后，“优化”二字界定了本次成果不但有理论性的一般规律思考，形成系统化的理论成果，而且还有针对普适性问题的解决方法。“优化”既是手段，也是目标，反映了从理论思考到实践应用的过程。

如果将城市以人来打比方，可以比喻为“基于健康的人的体形构造优化研究"。人的身体是支撑生命的物质基础，一旦人的身高体重指数[1]偏离标准值或是人的局部组织构造出了问题，就会减弱对外界环境的适应能力甚至引发疾病。人们通过锻炼身体和合理膳食来塑造人的形体和调理人的体质，最终达到健康长寿的目的。

同样，城市的整体空间格局是其生存和发展的物质基础，一旦城市的空间结构相关指标偏离标准或是局部应急要素布局有问题，就会加大城市风险甚至发生大的灾害。因此，城市也需要以调整优化城市空间格局为重要手段，提升城市对可持续发展风险的预防、响应与化解能力。

1.3.1.2　研究界定

经过研究背景与意义、研究综述和问题的论述，基本可以明了本书研究的主要领域，进一步的概念界定则是明确地界定本书研究的主要内容和核心观点。本书研究的核心概念是经过一系列的考察和思考后进行界定的，其具体过程将在第 3 章理论研究中展开。此处进行概念界定，是这个过程的结果的精炼表达，是为了在书稿的开端就给出本书研究的基本观点和研究方向。

1. 研究视角：安全

本研究的视角"安全"主要是指"城市物质空间系统安全"[2]，即城市物质空间系统能对影响自身生存发展的制约因素实现良好调控以及具有较强的应灾能力和恢复能力的状态。这里所指的城市系统不是人文层面的城市，而是指物质层面的城市，包括城市的建筑、交通、通信及水电气生命线等，这些是城市的基本功能，是城市提供服务的平台。如果这些系统遭受灾难的打击，将会降低城市提供服务的能力，甚至可能使城市陷于瘫痪之中。

因此，本书提到的"安全"是一种狭义的概念，即在本书中主要谈的是"城市空间格局的安全"。

同时，研究视角——"安全"还可从以下几个方面进行界定：

（1）从其特性和发生机理来划分，主要是指城市免受自然灾害、技术灾害和社会灾害的安全，不包括城市人口安全、城市政治安全、城市经济安全、

[1] 身高体重指数，又称身体质量指数，英文为 Body Mass Index，简称 BMI。

[2] 为了避免题目的重复啰唆，在题目前半部分只用"安全"二字。

城市文化安全、城市信息安全、城市生产安全以及个体或局部的城市交通安全等；

（2）从对象上界定，是指城市整个系统运行的安全，不包括区域安全、社区安全、个人安全等；

（3）从灾害的强度上界定，在城市层面一般考虑的是非常灾害和巨灾（包括战争），要求动用城市级的资源甚至要有来自城市之外的资源才可能应对的灾害；

（4）从灾害的空间影响范围界定，在城市层面重点要考虑广域灾害，涉及多个社区空间，在应对过程中需要城市层面的有效协调。

2. 研究主体：城市空间格局

一般意义上的“城市空间格局”指城市空间因子的位置布局和相互关系。具体来说，指城市功能用地、物质实体及其所限定的空间的位置布局及相互关系。也可以说，城市空间格局就是在城市用地布局的基础上增加了空间维度和相互关系的描述。在城市空间格局的概念中，位置布局和相互关系是两个基本内容，物质实体空间是概念的核心考察对象，城市则是对该概念的空间边界的界定。

从研究空间层次来讲，本书研究的“城市空间格局”是一个中观层次的概念，主要是指城市功能用地、物质实体及其所限定的空间的位置布局及相互关系，即城市空间要素的整体。它并不包括宏观的城市区域空间和微观的城市社区空间。

1.3.2 研究目标

“优化”是本研究的总体目标，目标的核心是对城市空间格局的优化，安全是对这种空间格局的评判的限定。这种城市空间格局是达到城市理想安全状态时，在空间层面的解决方案。

由于一个城市并不存在绝对的安全，只存在相对安全度的概念，所以需要通过空间优化来达到城市安全度提升的目的。“优化”是一个积极、正面的词语，本身带有要达到一定城市安全度的目的性，如果方案调整后城市空间格局安全度降低了，则说明城市空间格局不但没有优化，反而弱化了。因此，

“优化”是实现安全的城市空间格局的抽象化表达。安全城市空间格局指基于城市安全价值观构建的城市空间格局，是城市空间格局在城市安全思想指导下的优化，也是城市安全一系列目标状态描述中的空间格局部分，即城市安全实现状态下的城市空间格局。

同时还要认识到，实现城市安全的防灾投入是有一定限度的。在保证城市基本安全的前提下，要考虑防灾资源的最优化配置，既要有一定冗余，也要避免不必要的浪费。因此，“优化”的标准在本书有两层含义：一方面要满足城市安全服务需求方的“安全性”要求；另一方面要满足城市安全服务供给方的“经济性”要求。

因此，本书的研究目标就是：重点研究城市安全与城市空间格局的哪些空间因子相关联，如何对这些空间因子的位置布局及相互关系进行调控和优化，以平衡安全性与经济性的矛盾。

1.4 研究思路与方法

1.4.1 研究思路

1.4.1.1 研究假设

城市空间格局安全水平的提升，可以从整体调控和局部优化两个方面来实现，即本书提出两大研究假设（图 1-14）。

假设一　整体调控主要安全空间变量能提升城市空间格局安全水平。

假设二　局部优化某一安全空间要素能平衡安全性与经济性的矛盾。

假设一针对的是宏观层面城市安全中的多灾种问题，运用的是系统论来应对城市安全的复杂性问题，尤其是灾害的不确定性。

假设二针对的是微观层面城市安全中的单灾种问题，运用的是还原论来解决城市安全的精确性问题。

前面两个假设还可以更加具体地表述为：

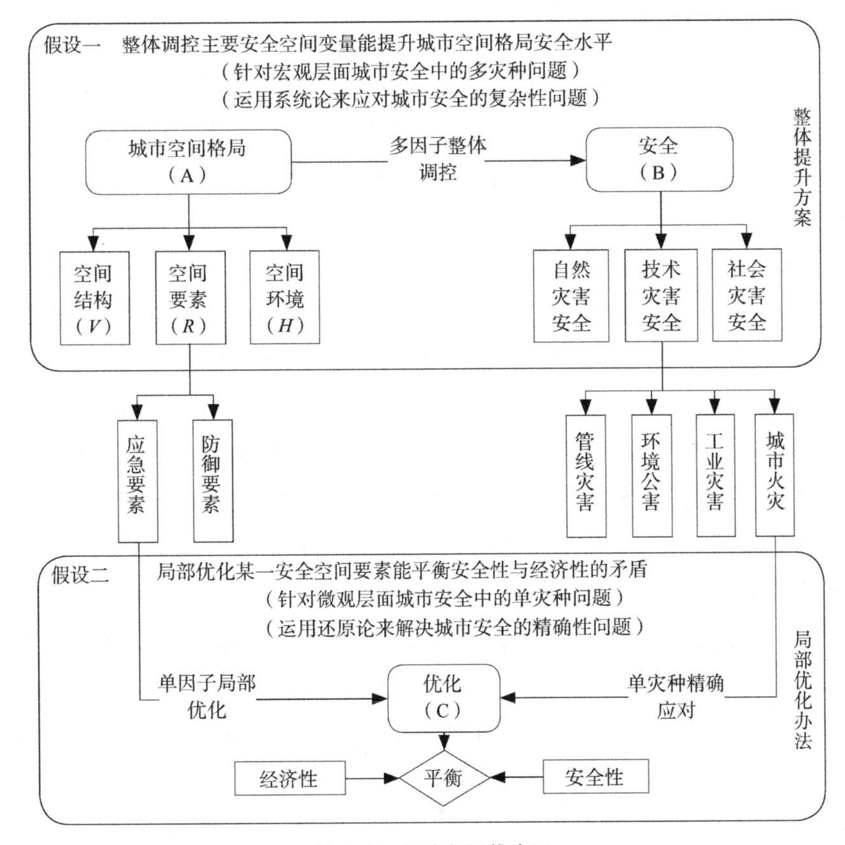

图 1–14 研究假设推演图

假设一 整体调控空间结构（易损因子 V）和空间要素（耐灾因子 R）[1]两个主要空间安全变量能提升城市空间格局的安全水平。

假设二 运用 GIS 技术和 LA 模型局部优化城市应急要素能平衡安全性与经济性的矛盾。

由于宏观层面很难将问题讲清楚，涉及“多灾种”和“多因子”问题，特别是“优化目标”的问题很难明确，故笔者开始将研究问题聚焦，找到一个小问题进行实证分析。“大题小做”，将大问题细化成一个小课题，以此加

[1] 根据城市空间格局安全模型 $S=func.(H, R/V)$，空间环境为风险因子 H，是指一个城市特定的灾害背景，很难人为进行预测和调控，所以本书着重研究另两项因子。

强本书的研究深度。

具体说来，对于城市空间格局每一项要素的优化，都会带有经济性的考量。而安全性与经济性两者又是一对矛盾。防灾投入不可能无限制地增加，总会有一个达到某安全标准要求的阈值。这就会产生一个“安全性与经济性平衡”的问题。

1.4.1.2 技术路线

本书首先回答“城市安全与城市空间格局的关系是怎样的”这一问题。第 2 章“城市安全与城市空间格局的关系”是研究的逻辑起点，通过对历史相关案例的分析，笔者从中得到启示：在可持续发展风险日益严峻的时代背景下，人们亟须重塑安全观，以调整优化城市空间格局为重要手段，提升城市对可持续发展风险的预防、响应与化解能力。同时，笔者还通过专家问卷调查，从中得出城市安全与城市空间格局相关因子之间的关联与作用大小，为下一步研究提供基础。

然后通过第 3 章“安全城市空间格局理论基础”的研究，分析城市安全机制，提出两个理论假设：

一是“通过对城市空间格局主要安全空间变量（空间结构和空间要素）进行调控，可以降低易损性和提高耐灾力，从而提升城市空间格局的安全水平”；

二是“运用空间分析技术对某一安全空间要素的布局进行优化，可以平衡安全性与经济性的矛盾”。

接着回答“如何构建安全城市空间格局理论基本框架”。第 4 章“安全城市空间格局理论架构”是本书的核心内容，通过对基本概念、特性和研究范畴的阐释，形成包含空间结构、空间要素和空间环境三个方面的安全城市空间格局的分析框架，并通过对评估模型和优化目标的建立，最终构建了城市空间格局安全理论框架。

最后通过第 5、6 章回答了下述问题：如何评价城市空间格局安全水平，城市空间格局安全优化有哪些方法？（图 1-15）

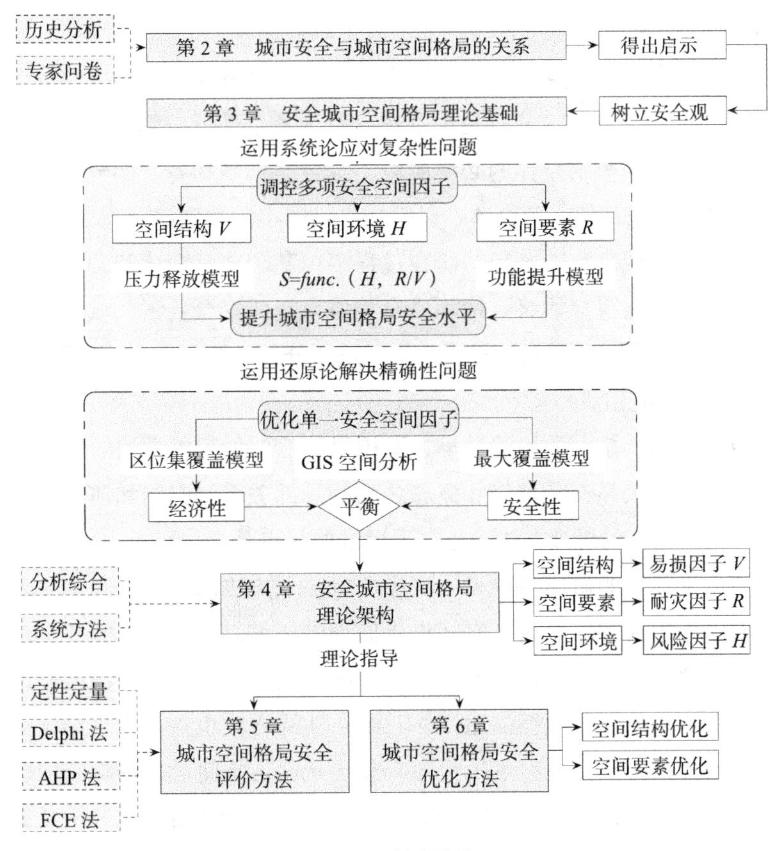

图 1–15 技术路线图

1.4.2 研究方法

城乡规划学科理论中城市空间安全理论残缺已在多年的规划实践中充分显现，许多城市因为遭受灾害而蒙受了巨大的损失；为弥补这一学科理论的一部分缺口，应通过系统科学知识的学习，加强研究中逻辑思辨的能力。城市空间是一个非线性结构，其中的各种功能空间系统既相对地分类又相互包容、嵌套和反馈的复杂系统。

共时和历时比较的方法、文献引证、分析和综合、归纳和演绎等方法，是人类依据客观的现象和材料进行实证科学研究应掌握的正确的认识手段。本书依据这些立论的逻辑原则一步步建立关于安全城市空间格局的理论体系。

1.4.2.1 分析与综合

分析与综合，即是在对事物的认识中把整体分解为部分和把部分重新结合为整体的过程与方法。分析是把事物分解为各个部分、侧面、属性，分别加以研究，是认识事物整体的必要阶段。综合是把事物各个部分、侧面、属性按内在联系有机地统一为整体，以掌握事物的本质和规律。

在对于安全城市空间格局的研究过程中，基于文献阅读和调查研究的分析—综合方法一直贯穿始终。特别是有关城市空间安全要素、城市空间安全单元以及安全城市空间格局的解析，均得益于分析—综合方法的运用。

1.4.2.2 归纳和演绎

归纳和演绎，是人类认识最早、运用最为广泛的思维方法。它所涉及的是个别与一般的关系，是事物和概念之间的外部关系。归纳和演绎是形式逻辑和辩证逻辑共有的思维方法，是辩证思维的起点[1]。

本书理论部分的研究主要采用演绎的方法，方法部分的研究主要采用归纳法。本书希望通过安全城市空间格局原理的研究，对城市空间安全作出具体的分析，通过分析的结论，梳理城市空间的安全症候，从而提出城市在城市安全空间规划中应该遵循的原则。归纳—演绎方法也是一直贯穿始终，并行之有效的原则方法。这种逻辑程序有利于从城市空间的多种空间问题梳理（归纳）得出共性的特征、共性的问题、简明的分类和正确的路径，从而找出（演绎）空间安全度提升和建构的正确方法。

1.4.2.3 定性与定量

在城市规划设计的安全研究中，量化的研究成果可能是最有争议的“危险”地带。但尝试从量化分析的角度可以更加理性地探究城市空间格局安全测度，并进一步加强对城市空间格局安全的理性认识。本书的城市空间格局安全评价部分就运用了定性与定量结合的研究方法，有定性研究的定量化（城市空间格局安全评价体系层次分析法）、有空间形态的定量化（安全空间特征指标评价方差表达法）、有相关分析的定量化（城市安全与城市空间格局关系研究专家问卷法）。

[1] 归纳和演绎的辩证关系 [EB/OL]. 百度百科 http：//baike.baidu.com/view/391647.htm.

1.4.2.4 比较研究

比较研究方法，是指对两个或两个以上的事物或对象加以对比，以找出它们之间的相似性与差异性的一种分析方法。它是人们认识事物的一种基本方法。

通过对中医和西医的比较，引申出超越还原论和发展整体观两种方法在城市安全研究中的可行性。

通过历时和共时的比较法能更好地认识对象。城市空间研究中往往获得同一场地的几个历史的时空断面，通过分解该场地而后综合判断，获得其历史的连贯变化。基于安全的城市空间格局演变研究将不同历史时期的城市空间格局特征进行比较，从而得出其演变规律。

1.4.2.5 类比研究

类比方法通过对两个或两类研究对象进行比较，找出它们之间的相同点或相似点（指属性或规律或所存在的自然事物），并以此为根据，把其中对某一个或某一类对象的有关知识和结论，推论到另一个或另一类（研究对象）上去，从而推论出它们的其他属性或规律或存在的自然事物也可能相同或相似的结论，或者由两个对象的规律相似，而推论出它们的属性相同或相似的结论。这种逻辑推理方法和科学研究方法，叫做类比方法[1]。

在本书中比较方法主要用于一些主要概念以及不同规划模式的对比分析中。类比方法是本书重要的研究方法，将城市灾害的防救与人体疾病的诊治进行类比，更容易让读者理解本书的思想脉络和主要观点。

1.4.2.6 系统方法

所谓系统方法，是指用系统的观点和原理去研究天然自然界、人工自然界、社会和人类的认识活动、生产管理及其他一切管理活动，把研究对象放在系统的形式中，从整体和全局出发，从系统与要素、要素与要素、结构与功能、系统与周围环境之间的相互关系、相互作用和相互制约中，对之进行考察和辩证分析，以达到最优处理问题的一种科学研究方法，也就是做出最佳方案，并制定实施最佳方案的最佳行动计划的一种科学研究方法。

---

[1] 栾玉广．自然科学技术研究方法 [M]．合肥：中国科学技术大学出版社，2003：200.

系统方法是本书研究主要的出发点。本书超越了基于单灾种研究的还原论思想，又发展了基于多灾种的整体论思想，在精确性和复杂性两个维度取一个平衡点来研究对安全城市进行系统研究。

1.4.2.7　多学科交叉

本书中的学科交叉与综合，首先体现在多学科融贯的视野高度上，涉及城乡规划、城市灾害、城市安全、城市生态、医学和生命科学等；其次是对相关领域的研究方法的借鉴与创新，特别是参考一些社会科学和自然科学的分析、计算方法并纳入城市空间本体的研究范畴；再次是基于交叉学科的视野与研究方法，确保研究结论在城市安全观基础上的科学和理性。城市空间安全研究的多学科综合则主要体现在对城市安全理论的研究中。

1.5　研究内容与框架

1.5.1　研究内容

本书从城市规划和城市安全的学科角度，在系统科学安全观的指导下，吸收借鉴相关学科研究的最新成果，尝试构建适应时代和学科发展要求的城市安全空间理论和空间格局优化方法。

本书由七个章节组成。

第 1 章，绪论。首先介绍本书的研究背景和意义，对相关文献进行综述，提出本书要研究的主要问题，确定研究的范畴和目标，选择相应的研究方法，概述研究的内容和框架。

第 7 章，结论。对本书的主要研究结论进行总结，指出本书的创新之处，并对后续研究进行展望。

第 2 章到第 6 章为本书的主要内容，由三部分构成。

1.5.1.1　基础研究

基础研究部分为第 2、3 章，该部分是本书研究的基础，阐述了本书的理论基础。

第 2 章为“城市安全与城市空间格局的关系”，首先对两者的相互关系进行剖析，再从静态的角度分析两者的关联，最后从动态的角度分析两者的历史演变与互动关系。

第 3 章为“安全城市空间格局理论基础”：首先根据灾害基本原理对“城市安全机制”进行剖析，分别对灾害生命周期、应对灾害手段和安全功能形式进行归纳；然后从系统的角度构建了城市安全的基础研究框架；最后研究安全表征特性和提升安全模型，构建安全城市基础研究框架。

1.5.1.2 理论研究

理论研究部分为第 4 章，该部分是本书研究的重要基础，阐述了本书的理论内核。

第 4 章为“安全城市空间格局理论架构”：首先对“城市空间格局相关概念”进行解析；然后对“安全城市空间基础理论”进行一定的探索，对安全城市空间进行界定，研究城市空间的安全二重性和城市安全的空间辩证性，进而提出安全城市空间系统理论；在此基础上对研究范围进行一步聚焦，提出了“安全城市空间格局理论框架”，对安全城市空间格局的基本概念、基本特征、研究范畴、优化目标、评价模型以及分析框架进行了阐述。

1.5.1.3 方法研究

方法研究部分为第 5 章和第 6 章。

第 5 章为“城市空间格局安全评价方法”。本书首先对城市空间格局安全综合评价方法进行了研究，提出了总体评价思路和两种评价方式——模糊综合评价和单项指标评价；接下来研究了城市空间格局安全评价体系的构建原则和层次构成，为评价研究工作提供了基本框架；然后详细介绍了模糊综合评价方法的整个运用过程；最后解释了城市空间格局安全单项指标的遴选以及各项指标的具体内涵。

第 6 章为“城市空间格局安全优化方法”。该部分是本书研究的主要对象，即从城市空间的“安全二重性”出发，分别对作为城市安全载体的“安全城市空间结构”和作为城市安全本体的“城市安全空间要素”进行研究。

“城市空间结构安全优化研究”主要是针对城市安全载体“城市空间结构”的安全优化。首先提出城市空间结构的三个优化内涵——布局结构安全优化、压力结构安全优化和数量结构安全优化；接着研究城市空间结构安全优化的三大原理——非必然诱因原理、空间优化原理和过程干扰原理；随后提出一系列的城市空间结构安全优化策略；最后提出城市空间结构安全优化的两种模式——间隙式和轴网式。

“城市安全空间要素优化研究”主要是针对城市安全本体“城市安全空间要素”的优化。首先从功能优化和形态优化两个角度解释其内涵；接着提出城市安全空间要素优化的原则；随后从防护隔离空间、基础设施空间、避难疏散空间、应急交通空间和应急设施空间等几个方面提出了相应的优化策略；最后从城市规划的角度提出了分区控制和轴网整合两大优化方法。

1.5.2 研究框架

研究框架见图 1-16。

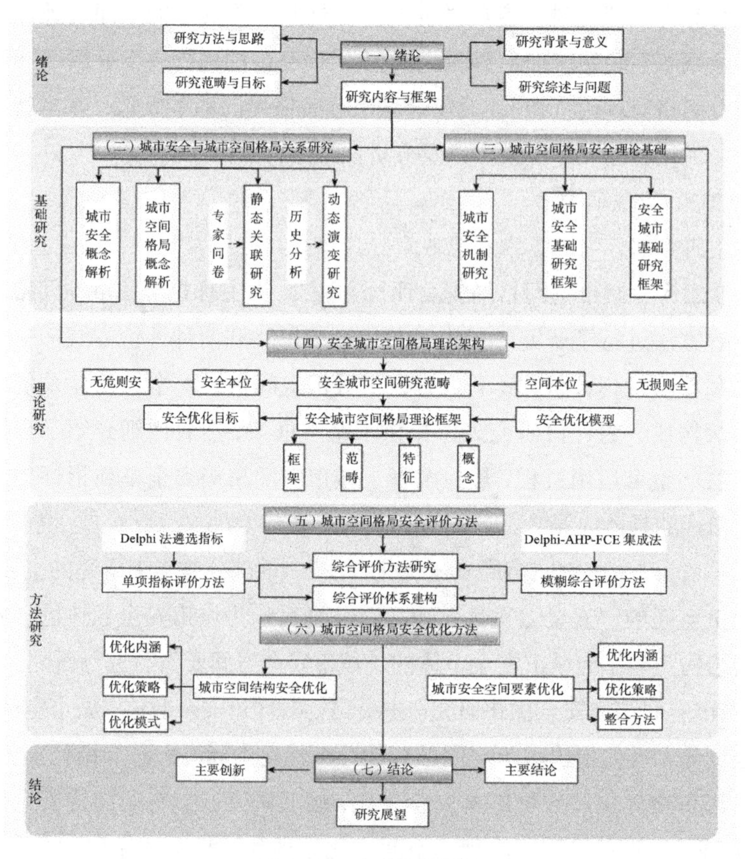

图 1-16 本书结构框图

第 2 章　城市安全与城市空间格局的关系

“从社会的观点来看，城墙突出了城里人同城外人的差别，突出了开阔的田野同完全封闭的城市二者的差别；开阔的田野会受到野兽、流寇和入侵军队的侵扰，而封闭的城市中人们则可以安全地工作和休息，即使在战祸时期也如此。加之有了城市内部的水源和丰富的谷物贮备，这种安全感可以说是绝对的了。”❶

——刘易斯・芒福德

在影响城市空间格局的众多因素中，城市安全因素一般并非主导因素。但在不同的城市发展阶段与不同的城市发展环境中，城市安全因素的影响强度会有所变化，有时可能会成为直接影响到城市空间格局的主要因素。因此，很有必要对城市安全与城市空间格局的相互关系进行研究，这种关系可以分为静态的影响关联和动态的演变关联。

2.1　城市安全概念解析

对一个特定的主体来说，安全在客观上首先应该是一种状态，是一种主体与客体之间、自然与社会之间以及人类社会生活的各个方面之间在相互依赖、相互制约中，能够保持一种动态平衡、协调发展的相对稳定状态。如果把安全主体作为一个系统来看，那么在安全状态下系统各因素之间能够按照自身本来的轨迹自由运转，不会受到外力的冲击而脱离轨道。

鉴于安全概念含义的宽泛，本书选择从城市灾害研究的视角来定义城市安全。

❶ （美）刘易斯・芒福德. 城市发展史：起源、演变和前景 [M]. 北京：中国建筑工业出版社，2005：72.

2.1.1　城市灾害

由灾害源、灾害载体和承灾体三个概念出发，我们一般把“城市灾害”定义为以城市系统或其子系统为承灾体的灾害，即由于不可控制或未加控制的因素造成的，对城市系统中的生命财产和社会物质财富造成较大危害的自然和社会事件。

按照灾害事件的起因，可将城市灾害分为三种类型：一是自然灾害，如地震、火山爆发、水灾、风灾等灾害，都是由自然原因引起的；二是人为事故性灾害，又称技术灾害，是由于人们认识和掌握技术的不完备或管理失误，而造成的巨大破坏性影响，如交通事故、生产事故、危险化学品泄漏、爆炸、火灾等，在现代社会有日益增多的态势；三是人为故意性灾害，又称社会秩序型灾害，如社会骚乱、非法聚集、恐怖袭击、外敌攻击等，主要由人类的故意行为引起。

城市灾害是自然、技术和社会事件的混合体。尽管科学家和专业人员为了分析和管理的目的，可能希望去将不同的有危害的现象分解成其中的一种，而现实是大部分的城市居民不能进行恰当的区别。对于外行来说，城市灾害通常是一种复合的和不稳定的事件，一种灾害的经验被用到其他灾害，应对的方法经常是几种混用（保险、公共安全部门、区划法规等）。杂交灾害（一些事件是自然、技术和社会风险的混合物）现在越来越普遍，将这些事件明确分成自然、技术和社会灾害这些种类很困难。

按照城市灾害发生的频度和强度，城市灾害又可分为非常灾害和日常灾害，两者同等重要。根据前面的分析，只研究达到一定强度的灾害很显然是困难的和不全面的，城市灾害有日常灾害和非常灾害之分，从空间应灾的角度来看，日常灾害一般通过防御性空间要素来解决，而非常灾害则一般通过应急性空间要素来解决。

2.1.2　城市安全

如果说“城市灾害”是与城市相关的一种客观存在，“城市安全”则是城市的一种状态表征，就如同相对于人来讲的“疾病”和“健康”。

与安全相对应，城市安全也有广义和狭义之分。广义的城市安全指城市免受任何潜在风险威胁的状态，只有在城市人工环境与自然环境和谐共处、城市生产和生活方式友好、城市实现可持续发展的状态下才能达到广义的城市安全，这是宏伟而美好的目标。目前，比较有现实意义的是狭义的城市安全，指城市基本不发生人为的技术灾害和社会灾害，在面对无法避免的自然灾害发生时具有较强适应能力和恢复能力的状态，简单地说，即免于灾害威胁的安全。

狭义的城市安全承认在现代社会中存在不可避免的风险事故和威胁，现代人类的发展对于环境的冲击也是不可避免的。重点关注制约城市生存和发展安全的重大风险，从而勾画城市发展和建设的底线。狭义的城市安全在现实社会中具有重大意义。本书研究着眼于现实的需要，界定的城市安全指狭义的城市安全的概念。

本书研究基于狭义的城市安全思想，界定“城市安全”的概念为：城市能对影响自身生存和发展的制约因素实现良好调控，同时具有较强的应灾能力和恢复能力的状态。

基于此概念界定，城市安全包括城市系统的安全以及城市系统之于城市发展的安全。前者指城市人工及自然环境共同构成的复杂系统的无危险状态，后者指城市发展演变对城市的非消极影响状态。城市安全还包括面对无法避免的风险事故时具有较强的适应能力和恢复能力。

2.2　城市空间格局概念解析

2.2.1　城市空间格局

城市空间格局指城市功能用地、物质实体及其所限定的可容纳虚空的位置布局及结构关系。也可以说，城市空间格局就是在城市用地布局的基础上增加了空间维和相互关系的描述。在城市空间格局的概念中，位置布局和结构关系是两个基本内容，物质实体空间是核心对象，城市则是对该概念的空间边界的界定。

任何物质的存在方式都有时间和空间两个方面，分别针对物质存在的广延性和顺序性。我们所要讨论的空间限定为城市的物质空间，具体地说就是城市及其物质实体要素所限定的物质空间。城市空间格局的界定，是在时间维既定的情况下，对城市物质的空间维度性态的综合考察。但物质都是永恒运动的，我们不能避开非物质的空间理念意义与其他空间形态不谈[1]。城市空间格局也是随着时间的推进而不断演变的。具体的某个格局对应某个时间点，到了下一个时间点可能对应另一个格局，这样多个格局对应于不同的时间，用时间的演进将这些空间格局联系起来考察就是城市空间格局的发展轨迹。通常，城市整体空间格局的演变就有较长的时段性，必须等各个局部的变化积累到了一定的时候，才会形成整体空间格局变化的表征，这是由城市建设的耗时性决定的。

2.2.2 城市空间结构

城市空间结构一直是所有研究城市空间学科乃至整个城市科学的重要内容之一。主要是因为城市空间是一切城市行为的物质基础，同时也是人们能够直接调控的对象。通过对城市空间结构的考察可以方便地了解城市巨系统的整体状态，通过对城市空间结构的调控可以促进对城市的整体调控。国内外对城市空间结构的概念界定，不同学科有一定的差异。在空间范围界定上，城市地理学界从城市与区域的区别角度，界定为城市内部空间结构，主要针对城市建成区内部；而城市规划研究及城市社会经济学科，直接界定城市空间结构为以城市建成区为主体包括城市周边与建成区有密切联系的区域。在概念内涵的界定上，相当一部分学者，常常将城市空间结构界定为包括城市社会空间结构、城市经济空间结构、城市人口空间结构、城市生态空间结构等多层面内容的系统化概念，也有一部分主要来自于城市规划、建筑类学科的学者认为城市空间结构就是指城市建设所限定的物质空间的整体格局。笔者认为，城市内部空间结构特指城市内部的结构，是城市地理学从区域地理研究的角度为了明晰概念内涵而进行的界定。从城市的本质讲，城市二字本身就已经界定了和区域不一样的对象，而且当代的城市已经逐渐和区域融为

[1] 段进. 城市空间发展论 [M]. 南京：江苏科学技术出版社，2006.

一体，不仅仅是内部建成区，也包括周边的郊区和卫星城镇，因而城市内部空间结构的界定是特定专业领域的概念，城市空间结构是具有普遍意义的合理概念界定。

《城市规划基本术语标准》中将城市结构定义为：构成城市经济、社会和环境发展的主要要素在一定时间形成的相互关联、相互影响制约的关系[1]，除了由城市物质设施所构成的显性结构，还包括诸如城市的社会结构、经济结构和生态结构等在内的、具有相对稳定性的结构内容。因此，本书所谈的“城市结构”主要是指城市物质设施所构成的显性结构。而对于“城市空间结构”的内涵，笔者认为城市空间结构的重点在于物质空间的相互关系，城市经济空间结构、城市社会空间结构等概念的核心是经济要素或社会要素的空间分布，二者之间有着本质的区别，社会经济因素对空间形成影响，但并不等同于空间，因而笔者认为城市空间结构的基本内涵是城市的物质实体及其限定的空间的相互关系的抽象表达，社会经济因素应纳入到城市空间结构的影响因素范畴。

2.2.3　城市空间格局与城市空间结构概念辨析

需要辨析的概念是关于“城市空间结构”的界定。已有的关于城市空间的研究常常被标示为关于“城市空间结构”的研究，实际上其内涵广泛，已经远远超过了“结构”的内涵，城市空间格局的思想已经蕴含其中。基于对“空间”概念的不同理解，城市空间结构的概念界定有三种倾向[2]：

（1）把空间当成与时间相对的广延性范畴来界定城市中不同要素在空间维度上的结构关系，主要来自于城市经济学、城市社会学等，界定的概念如“城市社会空间结构”指城市社会要素在空间上的投影位置关系，“城市经济空间结构”指不同经济形态在城市空间上的位置关系（地租是其主要影响因素），

[1] 中华人民共和国建设部. 城市规划基本术语标准 GB/T 50280—1998[S].

[2] 业界有一种用城市空间结构涵盖城市空间的所有特征的倾向，将城市空间结构的概念外延到城市人口、经济、社会的空间分布以及人对于城市空间的意象感知，从而将新古典主义、结构主义、人文社会生态学的城市空间理论，以及城市意象理论等都归入到城市空间结构的范畴。也有学者认为城市结构在空间上是由家庭、种族和经济状况综合形成的自然空间和社会空间共同组成的。

与这些概念相对应的概念是“城市社会时间结构”和“城市经济时间结构”，指城市社会要素或城市经济要素在时间维度上的位置关系；

（2）把空间当成是城市物质实体的基本属性和表征，是构成结构的基本元素而不是范畴，主要来自于建筑学界，夏祖华、黄伟康曾对城市空间作过一个界定——即最基本的城市空间构成方式只有两种，实体围合形成空间或实体占领形成空间[1]，城市中这些物质实体空间的相互位置关系即构成了城市空间结构（或者说城市空间的结构），相类似的空间概念界定也出现在国内外的建筑学界；

（3）第三种倾向是前两种的综合，主要出现在城市地理学界，界定的概念如城市内部空间结构，指作为城市主体的人，以及人所从事的经济、社会活动在空间上表现出的格局和差异[2]，以及城市外部结构（或称区域结构）。笔者认为这扩大了城市空间结构的概念范畴，其涵盖的很多范围用“城市空间”概念来统一更加合适。

城市空间结构是指城市功能的结构性特征的抽象描述，其最基本的内涵是对整体的结构性关系的把握，反映的是子系统或者个体及其加和所不具有的特征。

城市空间格局是城市空间系统的外在表现形式，是城市空间结构的物质形态表现，是城市复杂系统的物化表达，也是城市空间发展演化的瞬时状态。

为了更好地找到二者的区别，笔者将二者用表格作了对比（表 2-1）。

城市空间结构与城市空间格局对比表 **表 2-1**

城市空间结构	城市空间格局
经济社会要素的静态投影	自然时空的动态位置关系
城市功能的抽象描述	复杂系统的物化表达
城市发展的阶段空间结果特征	城市发展的瞬时空间作用状态
更加强调人类对城市空间的改造能力	强调适度干预下的城市的自我恢复能力

[1] 夏祖华，黄伟康. 城市空间设计 [M]. 南京：东南大学出版社，1992.

[2] 王祥荣. 生态与环境——城市可持续发展与生态环境调控新论 [M]. 南京：东南大学出版社，2000.

续表

城市空间结构	城市空间格局
强调主观行动意向	强调客观规律存在
抽象关系概念	具体布局形态

“城市空间结构”在现有研究中更易于被理解为经济社会要素的静态投影；而“城市空间格局”则更侧重于自然时空的动态位置关系。“城市空间结构”更多地偏重于城市要素整体关系的抽象化描述，是一种关系概念，而对构成关系的各要素的自身关注较少。

本书研究的“优化对象”包括“城市空间结构优化”和“城市空间要素优化”，“城市空间格局”这个词既有整体关系的表达，又有安全要素的描述。

同时，“城市空间结构”更加强调人类对城市空间的改造能力，是人们对城市空间的主观认识或分析结果。而“城市空间格局”更多地侧重于对自然的尊重，强调适度干预下城市的自我恢复能力。这也正是本书的“城市安全观”的一种体现。

基于上述辨析，笔者认为“城市空间格局”的内涵相对于“城市空间结构”更加符合本书所展开的研究需要，能更好地刻画本书的研究对象特征，具有更好的指导性。

2.3　城市安全与城市空间格局的静态关联分析

2.3.1　城市灾害与城市空间格局的关联研究

要了解健康与身体构造的关系，我们往往会先将疾病与身体官能之间建立某种联系。同样，要了解城市安全与城市空间格局的关联，最好的办法是分灾害种类对城市空间格局安全因子进行解析。本节采用专家问卷调查研究的方法，先将灾害划分成自然灾害、技术灾害和社会灾害三大类，然后再细分成一些小的灾种，对这些灾种的特点进行分析。再将这些灾种类型与这些安全因子进行一一比对分析，试图找到不同灾种所对应的影响关联度较大的一些安全因子，从而窥见它们之间的深层次的关联作用机制，最后对这些关联作用进行综合分析，找出一些特征和规律，从而为后面的安全优化策略与评价研究奠定基础。

2.3.1.1 不同城市灾害的空间作用特点分析

1. 自然灾害的空间作用特点分析

1）地震灾害

地震是一种危及人民生命财产安全、破坏性极大的突发性自然灾害，其主要特点是损失重、影响大、连发性强，尤其是在人口密集、政治、经济、工业和科学技术发达的城市和地区造成的损失更为惨重。城市在发生大地震时，不仅会造成建筑物的倒塌，铁路轨道弯曲、桥梁和路基破坏，而且会带来一系列诸如交通中断、地下管道破坏、水电断绝、火灾及工厂停工停产等连锁反应。

我国位于地震区（地震基本烈度为6度及以上地区）的城市占我国城市总数的80%以上，其中，在50万～100万人口的大城市和20万～50万人口的中等城市中，有80%位于地震区；在28个百万人口的特大城市中，有85.7%位于地震区。而且大中城市有一半以上位于地震基本烈度为7度和7度以上的地区。“5·12”四川汶川特大地震和“4·14”青海玉树大地震引发了人们对城市安全选址和合理布局的深入思考。

2）洪涝灾害

由于城市生产与生活都离不开水，水上运输还是城市重要的交通运输途径，古往今来，绝大多数城市都坐落于江、河、湖畔或者海滨。每逢洪水季节，会给江河两岸带来洪水水灾，而地势低的城市还有可能因排洪不畅造成内涝。1998年长江全流域性的特大洪水成为全球瞩目的重大事件，连续五十多天居高不下的水位，一次又一次冲击大江堤坝的洪峰，给沿江各省市的工农业生产及人民群众生命、财产带来巨大威胁和损失。新城选址不当，城市建设填占湖泊，挤占河道，防洪工程不达标以及生态环境遭到破坏，导致我国城市洪涝灾害愈演愈烈，造成较过去几十倍甚至更严重的损失。

3）地质灾害

在城市大规模建设活动中，除城市固有的环境质量影响外，环境与人类活动的相互作用，也会导致地质环境的自身变化，诱发和激化各种地质灾害，成为对城市发展的潜在和消极制约因素。地质灾害的形成是一种动态和具有随机性的过程，多数表现为突发性和难预见性。地质灾害与次生灾害造成的破坏是巨大的，这些灾害包括强烈地震、洪水泛滥、泥石流、水土流失、水污染、地面沉降、地表塌陷以及软弱土、湿陷土、膨胀土等特殊地基土在外因作用下转化为次生灾害，不但造成伤亡和巨大经济损失，而且给社会带来各种消极因素和人民生活的不安定。2010 年 8 月 7 日 22 时许，甘南藏族自治州舟曲县突降强降雨，县城北面的罗家峪、三眼峪泥石流下泄，由北向南冲向县城，造成沿河房屋被冲毁，泥石流阻断白龙江、形成堰塞湖。据中国舟曲灾区指挥部消息，截至 8 月 21 日，舟曲“8・8”特大泥石流灾害中遇难 1434 人，失踪 331 人[1]。对舟曲“8・8”特大泥石流灾害进行分析，发现有以下原因：该县城就建在历史上泥石流冲击滩上；汶川地震震松了山坡；乱砍滥伐破坏了植被；干旱和持续“点雨”；人进河退，侵占了河滩泄洪道。

4）火山灾害

火山爆发呈现了大自然疯狂的一面。一座爆发中的火山，可能会流出灼热的红色熔岩流，或是喷出大量的火山灰和火山气体。这样的自然浩劫可能造成成千上万人伤亡的惨剧，不过大多数火山爆发对生命和财产只造成轻微的伤害。火山爆发是世界各地都可能发生的自然灾害，只是有些地区发生得比较频繁而已。火山爆发喷出的大量火山灰和暴雨结合形成泥石流能冲毁道路、桥梁，淹没附近的乡村和城市，使得无数人无家可归。泥土、岩石碎屑形成的泥浆可像洪水一般淹没整座城市。公元 79 年 8 月 24 日，沉寂多年的意大利维苏威火山突然爆发，滚滚浓烟直冲云霄，遮天蔽日。喷泻出的巨量火山物质直扑山下，瞬间掩埋周边的庞贝、赫库兰尼姆等四座小城，它们 1600 年后才得以重见天日。

5）气象灾害

城市气象灾害具有明显的季节性，如热带气旋（台风）、暴雨、龙卷风和雷电等重大灾害性天气多发生在夏季，大雪、冰冻、大雾等灾害性天气多发生在冬季，春季和秋季灾害性天气相对较少。由于城市人口和经济集中，发生同等剧烈程度的气象灾害，损失要比周边地区大，近 40 多年的国内外资

[1] 引自百度百科，http://baike.baidu.com/view/4098677.htm?subLemmaId=4098677&fromenter=%D6%DB%C7%FA%C4%E0%CA%AF%C1%F7。

料统计显示，城市气象灾害损失占城市综合致灾损失的60%以上。城市气象灾害主要表现为暴雨洪涝、台风、干旱、高温灾害、龙卷风灾害、冰雪冻灾、大雾灾害和雷电灾害。2008年1月10日～2月2日南方地区百年一遇的低温雨雪冰冻灾害，影响了包括贵州、湖南、安徽在内的全国多个省市区，造成了巨大的损失。

2. 技术灾害的空间作用特点分析

1）环境公害

城市环境公害包括大气污染、水质污染、酸雨、酸雾、固体废弃物污染、噪声、光污染、电磁辐射、放射性物质污染等。环境公害是我国城市灾害中的重要问题，严重威胁着居民的健康和生命财产安全。2005年11月13日，吉林石化公司双苯厂一车间发生爆炸，截至次日，共造成5人死亡、1人失踪，近70人受伤。爆炸发生后，约100t苯类物质（苯、硝基苯等）流入松花江，造成了江水严重污染，沿岸数百万居民的生活受到影响。

2）城市火灾

城市中由于建筑密集、物质人员集中，发生火灾的危险性较大，火灾后的损失、伤亡、影响也非常大。城市火灾多为人为致灾，现代城市火灾多伴随着爆炸，对城市的损伤更为严重。2010年11月15日14时，上海市中心胶州路718号教师公寓起火，特大火灾事故导致58人遇难。随着经济建设的快速发展，城市人口的持续增长，城市土地资源日趋紧张，城市构造逐步向高空延伸，使得我国城市高层建筑不断增多。根据中国公安部消防局统计，截至2009年年底，中国内地共有约19万座高层建筑，包括约12.5万座居住建筑和近7万座写字楼、酒店和医院等公共建筑，其中1699座的高度超过了100m。高层建筑结构功能复杂，建筑面积大、高度高、人员众多、用火用电量大，因而其存在的火灾隐患是不容忽视的。

3）管线灾害

现代城市各项功能的运转已经越来越依赖技术。管线灾害指燃气、水、电、通信等城市生命线系统发生故障以及泄漏事故。生命线系统一旦发生事故，会给城市带来巨大的损失，甚至造成城市瘫痪。美国东部时间2003年8月14日下午约4时20分开始，美国东北部和加拿大部分地区发生大面积停电。

初步调查显示，停电是由于纽约一家发电厂遭雷击起火所致。这次历史上最大规模的停电波及美国的很多城市，加拿大安大略省的部分城市也受到了影响。停电影响了地铁、电梯以及机场的正常运营，在一些地方造成了交通拥堵，给成千上万市民的工作和生活造成了极大的不便。

4）工业灾害

城市工业灾害是指在工业化、城市化进程中形成的城市工业危险源和安全隐患，以及由此引发的财产损失、人员伤亡、环境污染事故。近年来，我国多个城市发生了重大的工业灾害，由于这些工业灾害都发生在紧邻城市的地点或者就在城区内，因此被称为城市工业灾害。这些城市工业灾害与一般的远离城市的工业事故相比，造成了更大的人员和财产损失，同时也引起城市居民对于居住环境的恐慌。2011 年 7 月 28 日，南京栖霞区的一塑料化工厂发生爆炸，附近 100m 内的房屋全部倒塌，引起居民重大伤亡。城市建设初期，总是考虑不到规划问题。当城市“摊大饼”似的无限扩大以后，原来地处市郊的工厂就变成了市中心。同时，由于居住在周围的都是当地职工及其家属，不得已紧邻工厂而居，“充当工厂隔离带”。

5）交通事故

随着近年来我国公路、水路交通基础设施建设的显著加快，城市居民拥有汽车数量不断增加，随之而发生的交通事故也成为城市的一大灾害。个体交通事故增加的同时，公交、校车、客运、地铁、动车、高铁等载客较多的交通工具事故风险也日益见增。当前，城市地铁和高速铁路所引发的交通事故也愈发引人关注。如“9・27”上海地铁事故：2011 年 9 月 27 日，上海地铁 10 号线两列列车在豫园站至老西门站下行区间百米标 176 处发生追尾事故，无人员死亡。还有“7・23”温州动车追尾脱轨事故：2011 年 7 月 23 日，甬温线浙江省温州市境内，由北京南站开往福州站的 D301 次列车与杭州站开往福州南站的 D3115 次列车发生动车组列车追尾事故，造成 40 人死亡、172 人受伤。

6）病疫灾害

地球上的自然变异，包括人类活动影响的自然变异，无时无刻不在发生，致使社会损失或产生不安定因素。疫病致灾分为生物性和非生物性。急性传染病即是生物性灾害的主要表现之一，由病原生物所引起并传播给他人，迅速传播造成流行，严重危害人体健康。例如，2003 年高度传染性的病毒“非典”最初在我国广东河源发现，在广州、北京和香港等大城市集中爆发。

3. 社会灾害的空间作用特点分析

1）恐怖袭击

城市安全防灾的另一个敌人是愈演愈烈的恐怖主义。恐怖袭击是极端分子人为制造的抢劫、刺杀、临时爆炸装置（如路旁炸弹）、生物和化学武器、自杀性炸弹和绑架等危险。整个 1990 年代，针对城市地区的袭击次数在增加。在 1994 ~ 2001 年，城市受到的恐怖袭击占 64%，占死亡人数的 61%，占人身伤害的 94%，占物质破坏的 86%。全球总共有超过 250 个城市遭受过恐怖袭击[1]。2001 年在美国纽约发生的“9・11”恐怖袭击，2003 年发生在西班牙马德里的“3・11”恐怖袭击以及 2005 年发生在伦敦的“7・7”恐怖袭击事件都是较典型的案例。

在城市建筑环境中恐怖分子选择作为目标的一般是建筑物。通过对美国满足研究要求的 30 起城市恐怖袭击进行分析，发现有 25 起是针对建筑物的。

2）战争破坏

战争的首要目标是大城市，所以人口和机构在大城市的高度集中势必在战争中造成极大的损失，离心分散式格局往往更安全。现代战争的主要形式是突袭，城市一旦遭到空袭，除直接伤亡外，必将造成大量建筑物倒塌、断水、断电、交通堵塞、环境污染、流行性疾病传播等次生灾害，给城市居民的生产、生活造成极大困难。2003 年 3 月 20 日，美英等国以伊位克隐藏有大规模杀伤性武器并暗中支持恐怖主义为借口，绕开联合国安理会，公然单方面决定对伊拉克实施大规模军事打击。美国在当地修建了很多隔离墙和防爆墙。这些墙体破坏了巴格达早已建成的排水系统，同时隔离了车行道和人行道，给行人出行带来很大不便，也影响了巴格达的商业活动。而美军的悍马等军用车在该市横冲直撞，也破坏了巴格达的面貌。战争为了使造成的影响最大化，会选择城市重要目标进行破坏。1991 年的海湾战争、1999 年的科索沃

[1] SAVITCH H V，ARDASHEV G. Does Terror Have an Urban Future? [J]. Urban Studies，2001，38（13）：2515-2533.

战争和 2003 年的伊拉克战争，基本都遵循了这样的打击原则，其中科索沃战争因前南联盟对军事力量实行了有效的隐蔽，北约的轰炸难以在军事上取得胜利，故转而大规模攻击经济目标和生命线工程。在空袭中，南联盟的 1900 个重要目标被炸，其中有 14 座发电厂、63 座桥梁、23 条铁路线、9 条主要公路，还有许多重工业工厂和炼油厂，使南联盟的经济潜力和支持战争的能力损失殆尽，最终导致战争失败。

2.3.1.2　城市灾害与城市空间格局关联分析

为了厘清城市灾害与城市空间格局的静态关联，笔者做了一份关于“城市安全与城市空间格局的关系”的问卷调查。囿于篇幅，问卷及调查报告在本书不再详细介绍，只简单说一下调研情况。具体调查方法是采用定量分析和定性分析的研究方法。定量方面：报告数据收集和分析主要采用了通过问卷星网站（http：//www.sojump.com）对专家进行在线问卷调查和通过纸质问卷进行线下问卷调查的方法。定性方面：对不同类型灾害的案例收集和分析，以及对相关研究领域的专家进行深入访谈，深入研究城市安全与城市空间格局的关系。两种调查方法结合最终形成报告。在问卷数据中，针对不同城市灾害的空间作用特点的不同，将不同灾害与城市安全空间因子关联度分为“很小、小、一般、大、很大”五个级别，请专家对每一类灾害与城市安全空间因子关联度作出相应评价，最终统计得出“不同灾害与安全因子关联度分级评价统计图”，从中可以看到某一类灾害与某一项安全因子在不关联度上的选择百分比，百分比最高，则说明专家对该项安全因子的关联度评价一致性最高。将不同灾害与城市安全空间因子关联度的“很小、小、一般、大、很大”五个等级分别赋值“1 分、2 分、3 分、4 分、5 分”，最后将各项安全因子的分值进行求和平均，得到“不同灾害与城市安全空间因子关联度对比图”，得分超过“4.0”的安全因子则应该是与该类灾害关联影响最大的因子。

2.3.1.3　城市安全与城市空间格局关系结论

通过对不同城市灾害的空间作用特点的认识以及城市灾害与城市空间格局安全空间因子关联分析，可以大致看出城市空间格局哪些方面的优化将会对减小城市灾害产生一定的积极作用。将各种城市灾害与各项城市安全空间因子之间的关联度大小的问卷调查结果进行综合分析，最终可以得到城市灾害与城市空间格局关系矩阵一览表（表 2-2）。

城市灾害与城市空间格局关联矩阵表 表 2-2

城市灾害与城市空间格局关联度				城市灾害													
				分类	自然灾害					技术灾害						社会灾害	
				城市灾种	地震灾害	洪涝灾害	地质灾害	火山爆发	气象灾害	环境公害	城市火灾	管线灾害	工业灾害	交通事故	病疫灾害	恐怖袭击	战争破坏
城市空间格局	准则	领域	空间因子														
	城市空间结构（载体安全）	布局结构	路网结构		◔	◔	○	◔	○	○	◕	◕	◑	●	○	◔	◕
			用地布局		◔	◑	◕	◔	◔	◕	◕	◕	●	◑	◕	◑	◔
			危险区位		●	●	●	◕	◑	◕	◕	◑	●	○	◑	◕	◕
		压力结构	建设强度		◕	◔	◕	○	◔	◑	◕	◔	◑	◑	◔	◔	◕
			建筑密度		◕	◔	◑	○	◔	◑	●	◑	◑	◕	◕	◑	◕
			建筑高度		◕	◔	◕	○	◔	◔	◕	○	◔	◔	◔	◑	◑
		数量结构	人均用地		◔	○	○	○	○	○	◔	◔	◔	◑	◑	◑	◔
			用地比例		○	○	○	○	○	○	○	○	◔	◔	○	○	○

续表

城市灾害与城市空间格局关联度				城市灾害													
				分类	自然灾害					技术灾害						社会灾害	
				城市灾种	地震灾害	洪涝灾害	地质灾害	火山爆发	气象灾害	环境公害	城市火灾	管线灾害	工业灾害	交通事故	病疫灾害	恐怖袭击	战争破坏
城市空间格局	安全空间要素（本体安全）	防御要素	弹性空间		◑	◑	◑	◔	○	◑	◑	◔	◔	◔	◑	◔	◔
			防护隔离		◔	●	●	◕	◑	●	●	◕	◕	◔	●	◑	◑
			基础设施		●	●	◔	◑	◕	●	◕	●	◕	◑	◑	◑	◕
		应急要素	应急避难		●	◕	●	●	◕	◑	◕	◔	◑	◔	◔	◕	●
			应急通道		●	◕	◕	●	◕	◔	●	◔	◕	◑	◔	◕	◕
			应急设施		●	●	●	●	◕	◕	●	◑	◕	◔	◑	●	◕
	空间风险背景（环境安全）	孕灾环境	生态环境		○	●	●	◕	●	●	○	◔	○	○	◕	○	○
			用地条件		◕	◕	●	◑	◔	◑	○	◔	◔	○	○	○	○

注：○◔◑◕●分别表示关联度大小依次为：很小、小、一般、大、很大。

（表格来源：笔者结合“城市安全与城市空间格局的关系研究专家调查问卷”统计结果自绘）

从上表中可以清楚地看到各种城市灾害与各项城市安全空间因子之间一对一的关联大小，但其实总体来说，城市空间格局只是城市灾害的“非必然诱因”和“部分手段”的关系。同样的城市空间格局应对不同的城市灾害的作用大小也是不同的，毕竟有些城市灾害问题不是仅仅通过空间优化就能解决的，还需要对灾害认识的深化、城市组织结构的优化和人们安全意识的提高等一些非物质的手段。

笔者在问卷最后还对“通过城市空间格局优化来应对各类城市灾害的作用大小”作了调查，得到城市空间格局优化减灾作用大小分类统计图（图 2-1）。

将城市空间格局优化减灾作用大小按“很小”“小”“一般”“大”和“很大”五个等级进行评价，分别赋值“1 分”“2 分”“3 分”“4 分”和“5 分”，最后将各类灾害的分值进行求和平均，得到城市空间格局优化减灾作用大小对比图（图 2-2）。

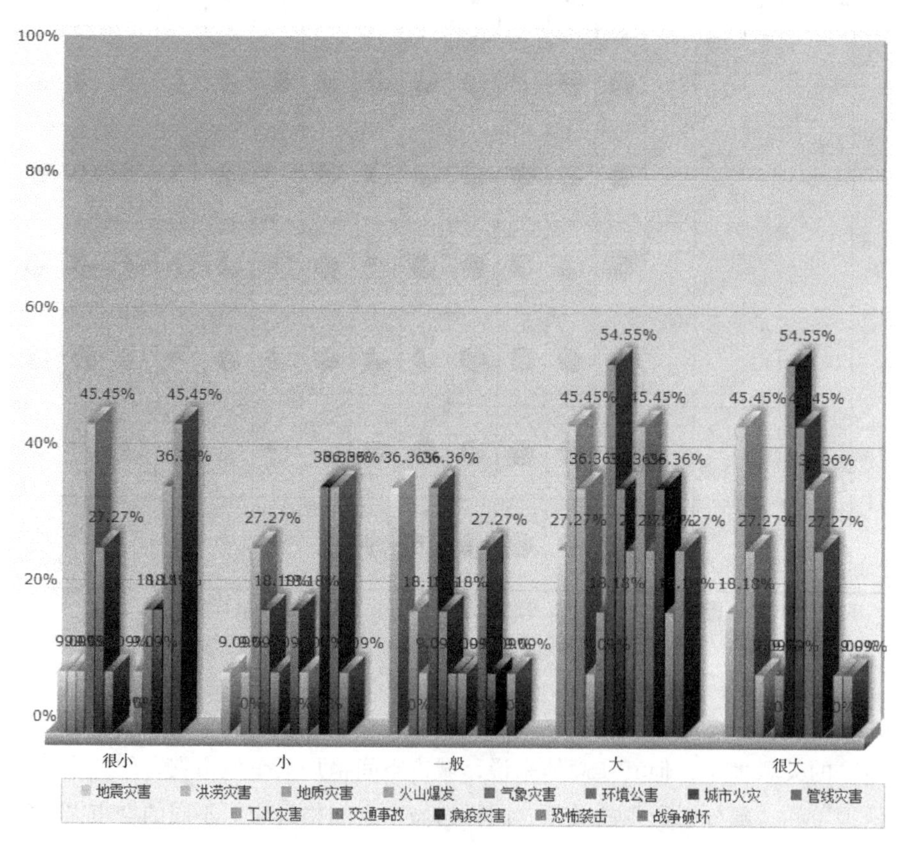

图 2–1　城市空间格局优化减灾作用大小分类统计图
（资料来源：笔者将调查问卷通过问卷星网（www.sojump.com）统计生成）

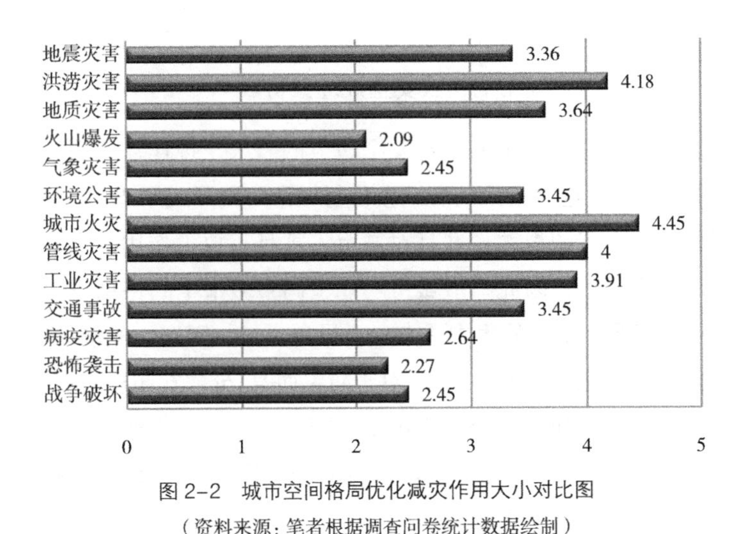

图 2-2　城市空间格局优化减灾作用大小对比图

（资料来源：笔者根据调查问卷统计数据绘制）

从图 2-2 可以看出，城市空间格局优化减灾作用从大到小依次是：城市火灾、洪涝灾害、管线灾害、工业灾害、地质灾害、交通事故、环境公害、地震灾害、病疫灾害、战争破坏、气象灾害、恐怖袭击和火山爆发。我们发现这一排序基本上与人类对灾害的认识水平和控制能力正好呈正相关。火灾和水灾这是自人类诞生以来就与之对抗的灾种，积累了不少经验，在城市建设中古人有许许多多的智慧都凝聚在一个个防火和防洪工程之中。如古城中的环城河，既能就近方便取水灭火，又能排洪除涝。进入工业社会后，管线灾害和工业灾害等技术灾害开始影响城市的人居环境，办法也只是"以技制技"，利用技术不断发展经济，追求速度，结果造成了交通事故、人为地质灾害和环境公害等一些不良后果，恶性循环。直至当前出现了高传染病疫灾害、全球性的气象灾害和恐怖袭击等一些非传统灾害，人们才开始反思，我们不能再自断后路，如何才能让城市安全宜居、人类永续发展？2010 年的上海世博会，似乎让我们找到了答案——"城市让生活更美好"，但是什么样的城市才能让生活更美好？什么样的城市空间格局才能保证人类的安全宜居？笔者试图能通过本书的研究能发现一些端倪，找到一些答案。

2.3.2 不同城市空间格局模式安全效应分析

原始的集聚本是出自于人们对安全防卫的需求，现代社会由于经济活动的集聚而形成城市，这种集聚演变至今却与城市防灾形成矛盾[1]。城市的聚集过度是多种城市灾害的根源，并且对城市灾害具有放大作用，也是灾害损失不断扩大的重要原因，因此疏散城市功能，调整城市空间格局也是城市防灾所面临的重要问题。单一的集中式布局会导致人口、财富、经济的高度集中，一旦受灾会给城市以毁灭性的打击。对于防灾而言，分散式布局具有相对优势，但单纯的分散式布局却容易导致城市土地资源浪费，产生通勤时间长、降低城市效率的弊病。城市的本质源于集中，随着信息网络技术及交通方式的发展，空间格局适当分散化成为可能。

但在经济发展水平较低的情况下，城市的基础设施以及城市的医疗卫生、治安维护等还不能跟上空间分散化的要求，势必会造成畸形的防灾形态、低质量的防灾效果。因此，城市空间形态的发展仍是采用高度集中前提下的间隙式、层级型网络化发展。良好的城市空间格局是增强城市防灾效能的基础，下面以几种常见的空间格局类型来探讨其防灾效果。

1. 圈层式城市空间格局

指城市以同心圆向外一圈一圈扩大的发展模式，这本是城市自然的发展方式，但如果这种扩大变成了过度的扩张，就导致我们常说的“摊大饼”，研究表明，这种空间格局模式对小城市而言具有优势，中心到边缘都表现为密实、紧凑的空间组织形式。对于大城市则会导致很多防灾矛盾：城市大规模快速扩张但保持原来单中心结构，使城市与大自然疏远，环境质量下降，容易引发环境灾害；城市各功能聚焦在中心区，造成中心区防灾难度极大，在发生突发性灾害时易形成点状灾害源，使城市功能在瞬间就陷入瘫痪状态；而由于城市的无序蔓延，城市管理远远跟不上城市建设的发展，会导致城市边缘区域的防灾能力过于薄弱。此外，城市蔓延造成郊区睡城的出现，大量人口白天在中心区工作，晚上在郊区休息，人口的日夜流动变化非常大，如

---

[1] JENKS M，BURTON E，WILLIAMS K. The Compact City：A Sustainable Urban Form[M]. London：Spon Press，1996.

东京中心地区一度达到白天人口是夜间人口的 7 倍，加大了城市防灾工作的难度。灾害在夜间发生，中心区设置的高级别防灾设施就不能有效发挥效应，在白天发生，又会造成中心区过重的防灾负担，直接导致了防灾研究的复杂化，且难以高效地开展防救工作。

2. 带形城市空间格局

由于地理因素（如河流、海岸、交通道路等）的影响，城市中心区和外围功能向两侧或单侧拉长，如沿江、海发展起来的城市常常呈现带状空间格局。带状空间格局使城市单元与自然界有着最大的接触面，保证良好的城市生态环境，高效率的轴向交通使城市功能、人口的相对分散成为可能，可以获得有利于抗灾毁的城市空间格局。但也要考虑城市发展到一定规模后，边缘区与中心区相距过远，也会形成中心区防灾负担过重的特点。

3. 网络状城市空间格局

实际是一种多中心的空间格局，是城市空间格局的发展方向，具有空间单元的可生长性以及扩展的弹性，是一种分散（分散布局）的集中（网络节点），有利于城市环境的改善以及防灾管理。其初级阶段表现为组团式或卫星城等，由圈层空间格局演变而来，在圈层间楔入自然，城市由独立的团块组成，组团内部空间格局紧凑，有完善的服务设施。但在我国很多城市，这种组团多发育不全，基础设施及城市功能均不完善，有些则是通过行政区域调整而形成的，组团间距较大，尚未达到一定的规模效应，防灾质量较低。

从阪神地震的经验来看，正是因为神户市多核心的城市空间格局使受灾范围缩小到一定的程度，也为救援、重建提供了基地[1]。从城市安全角度出发，必须分散城市中心职能，将城市功能分散到各个地区，促进城市由单中心圈层式向多核心、网络型空间格局发展，在中心城之外发展培养新的中心或将单中心的功能分散到各个副中心。

从我国很多大城市的空间发展来看，无论是北京的“两轴、两带、多中心”，上海的“多轴、多层、多核心”，深圳的“三条轴线、三个圈层、三级城市中心”，其本质都是“发展轴 + 多核心”的发展模式，目的都在于分解城市中心

[1]（日）村桥正武. 关于神户市城市结构及城市核心的形成 [J]. 朱青，译. 国外城市规划，1996（4）：16-20.

区的功能，适度控制城市规模，向多核心的网络型空间格局发展。城市布局分散化能使各地区的独立防灾能力得到加强，建立抗灾性强的城市空间格局，在城市市域体现为城市建成区与农田、森林、绿化等生态绿地或开敞空间相间隔的空间肌理，从而形成较优的系统防灾环境。

2.4　城市安全与城市空间格局的动态演变探析

自古至今，中外不少城市，有消亡的，有发展的，其城市空间格局都不尽相同，其背后有着当时人们某种观念的表达，也是满足某种功能的需要。城市空间格局在一定程度上表述了人类对安全问题的态度。从城市发展的历程来看，伴随着城市安全问题的不断出现，人们的安全防灾理念也随之变化，城市的规划理念和工程措施不断更新，城市空间格局也不断地演变。"不论何种系统，存续能力都是有限的，不可能永远保持其结构、特性和行为不变。演化性是系统的另一基本属性。"[1]了解城市空间格局的演化，从而找出其背后的安全诉求。

城市安全功能的动态需求与城市空间格局的静态特征应该是存在着某种关联的，从历史发展的角度看，城市安全意识可以说是影响城市空间格局演变的一个重要因素。因此，笔者认为很有必要从城市安全的视角，将城市空间格局的发展演变进行划段研究，进而从中发现各个阶段的空间结构特征，用历史分析的手法来探讨未来城市的发展。

2.4.1　城市安全意识及功能表现形式的演变

纵观人类发展史，人类社会可分为前工业社会、工业社会和后工业社会三个时期[2]。社会的不同属性也会影响到人们对于城市安全的不同态度，进而影响到城市防灾功能的表现形式。笔者对中外城市建设历史进程中的安全意

[1] 苗作华. 城市空间演化进程的复杂性研究 [M]. 北京：中国大地出版社，2007.

[2] 丹尼尔·贝尔在 1959 年奥地利萨尔茨堡的研讨会上，首次使用"后工业社会"这个名称，他定义说："前工业社会依靠原始的劳动力并从自然界提取初级资源；工业社会是围绕生产和机器这个轴心并为了制造商品而组织起来的；后工业社会是围绕着知识组织起来的，其目的在于进行社会管理和指导革新与变革，这反过来又产生新的社会关系和新的结构。"

识进行分析后认为，城市空间格局演变过程可分为：前工业社会（自发避灾时期）、工业社会（自觉抗灾时期）和后工业社会（自为容灾时期）。这三个阶段是基于人类对灾害的认识水平以及人类处理灾害的方式来划分的，也隐含了城市防灾和防卫两大功能演变过程（表 2-3）。

城市安全意识及功能表现形式的演变　　表 2-3

社会类型	演变阶段	对灾害的认识	处理灾害的方式	防灾功能表现	防卫功能表现	防灾规划理念
前工业社会	自发避灾时期	上帝的创造 神秘 不可为	顺从自然力的外延方式来避免灾害	避开洪水 疏浚水系 疏散通道 防灾为辅	卫君守民 冷兵器 城堡城墙 防卫为主	惯例与经验法则
工业社会	自觉抗灾时期	自然的产物 常态 可征服	以控制、预测、工程手段来对抗灾害	功能分区 卫生防疫 工程技术 防灾为主	分散隐藏 热兵器 城墙消失 防卫为辅	工具理性的规划典范
后工业社会	自为容灾时期	人的产物 风险 不确定	通过内涵式的系统自组织来提升自身耐灾能力，增加城市弹性	组团布局 生态防洪 防灾社区 综合防灾	防恐防暴 核武器 社会行动 防卫升级	重视风险问题，关注可控因素，提高耐灾能力，建设生态智慧城市，永续发展

2.4.2　城市安全与城市空间格局演变阶段特征分析

2.4.2.1　自发避灾时期

在前工业社会时期，自然灾害频繁发生，人类抵御自然灾害的能力极其脆弱。那时人们还缺少科学知识，无法从科学的角度解释各种自然灾害对人类所造成的危害。那时候，在许多国家的法律系统中将灾害定义为是“上帝的创造（Acts of God）”，暗示当它发生时没有什么是可以做的。这种宿命的态度和文化价值不鼓励形成新的社会群体或安排对灾害进行调整和处理[1]。经

[1] QUARANTELLI E L. Disaster Planning，Emergency Management and Civil Protection：The Historical Development of Organized Efforts to Plan for and to Respond to Disasters[M]. Disaster reasearch center，2003：3.

过漫长的对环境的选择与适应，农业生产条件优越，且防御能力强的地域成为人们的聚集地，这样选择的目的在于防范各种灾害对人类造成的侵害。

前工业社会时期生产力水平低下，人类有一种原始的自然崇拜思想。这种思想是一种潜意识的、自发的朴素安全观，源于对自然依附关系的本能。城市聚落的布局、供水、绿化等方面已自发地考虑城市安全的因素。这时的城市灾害种类单一，城市问题并不复杂，城市的空间格局与大自然十分协调。这些都是人们不自觉或半自觉遵循自然从而避免灾害的结果，这种城市建设的安全防灾思想与当时的生产力水平和社会经济条件相适应，具有一定程度的自发性。

1. 防灾功能表现形式

人类最初的固定居民点，就具有防御的要求。最初是防止野兽的侵袭，后来由于原始部落之间的战争，进而加强了防御的功能。陕西半坡、姜寨等原始居民点外围的深沟，就是防御设施，其他原始居民点也有石头垒成的墙或木栅栏等防御设施。春秋战国时期在《墨子》的文献中，记载有关于城市建设与攻防战术的内容，还记载了城市规模大小如何与城郊农田和粮食的储备保持相应的关系，以有利于城市的防守。春秋战国之际，各诸侯国之间攻伐频繁。也正是在这个时期，形成了中国古代历史上一个筑城的高潮。中国古代一些城市的平面也曾由一套方城发展成两套城墙，都城则有三套城墙，每层城墙外均有深而广的城壕。这些都是从防御要求出发的。古代中国的“风水说”是以朴素的自然观和“避凶趋吉”的心理需要来表现人类聚居与环境的关系。“负阴抱阳，背山面水”是中国古代城镇、住宅选择基址的基本原则，“风水说”的选址表达了人类隶属于自然的关系，当然，这样的选址原则有利于城市形成良好的安全格局。早在2000年前，《管子》一书谈道：“凡立国都，非于大山之下，必于广川之上，高毋近阜，而水用足，下毋近水，而沟防省。”我国历代古都名城，多依此原则建城，多依山傍水，地势稍高，水用既足，沟防亦省，可免受或少受洪水之灾（图2-3）。

古代西方一般也通过城市布局来避开自然灾害。维特鲁威的论文集《建筑十书》中对于城市的选址布局也有一些见解。他指出城市必须建在高爽地段，不占沼泽地、病疫滋生地，避开浓雾、强风和酷热。同时，还设想了蛛网式八角形城市结构，有广场和放射形道路，这有利于灾害发生时提供疏散场地和通道。

2. 防卫功能表现形式

城市的防御功能对前工业社会的城市空间格局起着更为明显的影响。“城”是人类定居后出现的为自身的安全而建造的防御性构筑物。中国古代城市是伴随着国家的产生而出现的，防御和保护功能是中国古代城市的关键职能。纵观中国古代城市的发展，无论其规模、格局与性能都不断发生变化，中国城市绝大多数都是一种政治重心和军事堡垒。中国古代城市的出现始于夏启时期，当时已有“筑城以卫君，造郭以守民”之说。春秋战国时期，城市数量和规模有了更大的发展，出现了赵邯郸（图 2-4）、齐临淄、楚郢都、魏大梁等盛极一时的都城，反映出中国古代城市形制正是体现了防卫的需要。中国古代的城市空间形态都是圈层式的防御，保卫君王，守护民众。

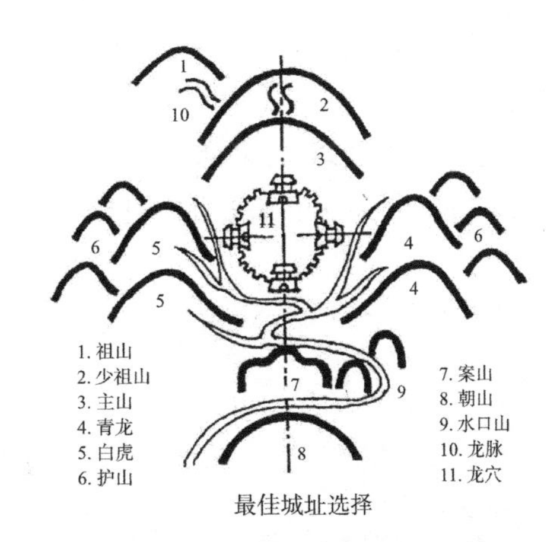

图 2–3　中国“风水说”城镇选址图解

（资料来源：段进 . 城市空间发展论 [M]. 2 版 . 南京：江苏科学技术出版社，2006）

《管子・度地篇》：“内为之城，外为之郭”。在甲骨文中墉字与郭字相通，其写法像城垣四周立着城楼。城与郭就构成了中国古代城市的基本形态，其中大部分为方形，不过也有圆形的。今江苏常州的淹城，是西周时代淹国的都城。相传商朝末年，东夷奄君为躲避周王的攻打，带领部落南下，筑城挖壕固守数年，因四周都是护城河，好像淹在水里一样，故称淹城。淹城遗址有土墙三重，分为外城、内城、子城，各城均有护城河环绕，只在西面有一出口通道（图 2-5）。

西方古代有些城市的建设与东方不同，特别是在爱琴海周围，没有较大的平原，只有一些小盆地以及海岸线上一片片小的土地，很难形成强有力的政治集团。由于当地人要进行掠夺和自我防卫，他们往往将城邦建立在一些高丘上，边上都是防御工事围绕。雅典卫城就是建于一个陡峭的山顶上，用乱石在四周砌了挡土墙，山势险要，只有一个上下孔道，非常适宜防御（图2-6）。

西亚巴比伦城（Babylon）的平面呈矩形，筑有两重墙。两重墙间隔 12m，四周城墙又高又厚，城墙外有很深的壕沟环绕，有明显的防御目的（图 2-7）。

图 2–4　赵邯郸故城遗址

（资料来源：http：//www.zhdxx.com）

图 2-5　淹城遗址

（资料来源：http：//wjsgxh.com）

图 2–6　雅典卫城遗址

（资料来源：http://civ.ce.cn/ nation）

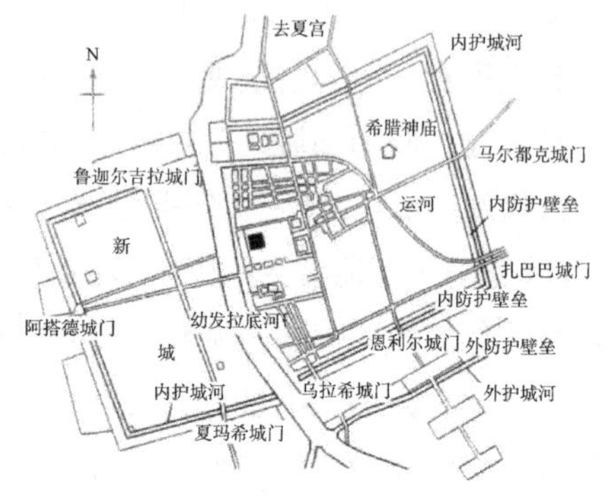

图 2–7　巴比伦城（Babylon）平面图

（资料来源：吴志强，李德华 . 城市规划原理 [M]. 4 版 . 北京：中国建筑工业出版社，2010）

中世纪西欧的城市是自发成长的，由于各地封主和各城市共和国之间常有战争，一般选在易守难攻、地形高爽之地，四周以坚固的城墙包围起来。文艺复兴时期的理想城市也考虑到了城市的防御功能。费拉锐特曾做过一个理想城市的方案，建于威尼斯王国的帕尔曼—诺伐城新帕尔马城（Palmanova）

就是依照他的思想建的。该城中心为六角形广场，辐射道路用三组环路联结。在城市中心点设置棱堡状的防御性构筑物，周围也设置了突出的棱堡。周围突出的棱堡可以从侧面夹击来犯者，中心点的棱堡可以射击从放射道路进攻的敌人（图 2-8）。

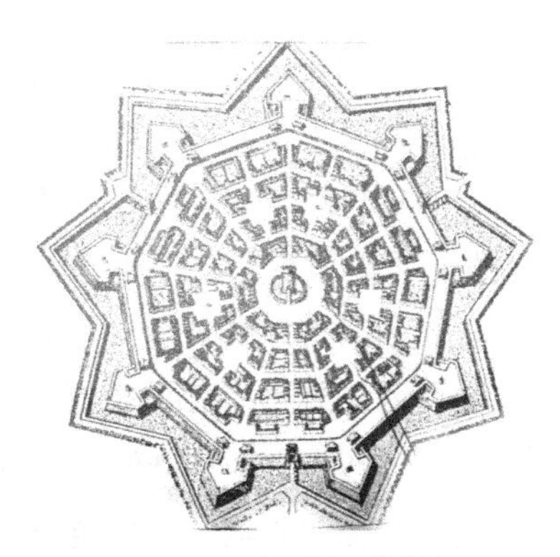

图 2–8　帕尔曼 – 诺伐城

（资料来源：沈玉麟．外国城市建设史 [M]. 北京：中国建筑工业出版社，2007）

兵器技术的进步也影响到了城市建设。中国在宋代火药已大量用于战争，并直接影响到城市建设，使得一些城墙或加厚，或在土墙外包砖。火药传入欧洲，对欧洲的城市建设也产生了很大的影响。

西方城市产生主要是经济的原因，当然也包含有政治、军事和宗教的因素。但是，西方城市的重要功能之一就是防卫。著名经济学者希克斯在其《经济史理论》中阐述道：城邦在传统经济向商业经济转化过程中扮演了关键角色，主要是城邦提供了财产保护、维护合同等“公共品”[1]。美国著名城市理论家刘易斯 · 芒福德说：“城市的另一个特征是城墙封围的城堡，四周有一个或数个居住区。大约是发现城墙作为统治集团的保护手段以后，它才被用来圈围那些被统治的村庄，使之保持一定秩序”[2]。

3. 空间格局特征分析

自发避灾时期的城市建设较多地考虑了安全防卫的需要，注重因地制宜，因势趋利，城市与灾害是一种共生关系，城市多形成简单封闭、紧凑和功能混合的单点封闭结构模式。此时期人们在处理人与自然关系上是一种“线性”和“一维性”的关系。所谓“一维性”关系是指一般只考虑人居环境如何依存于当地的自然环境，包括地理（质）条件、水文条件、气候条件等，其出发点是依托自然求得一个较为有利的栖息环境。所以，古代城市多依赖于选址来避开自然灾害。当时的灾种也比较单一，城市构成也相对简单，灾害造

[1] （英）希克斯. 经济史理论 [M]. 北京：商务印书馆，1998.

[2] （美）芒福德. 城市发展史——起源、演变和前景 [M]. 宋俊岭，倪文彦，译. 北京：中国建筑工业出版社，1989.

成的损失相对较小。当时人类的认识水平有限，面对各种灾害，他们只能用神化的理念来指导城市规划与建设。所以，在城市安全防灾理念上表现为朴素的防灾思想。前工业社会的城市一般是行政中心、军事重镇、宗教中心和贸易中心，其城市安全功能以防卫为主，防灾为辅。这一时期城市规模都较小，因此东西方城市都具有平面形状和空间结构较为紧凑集中的特点，形成单中心闭合结构，城市的规划布局围绕这个中心进行。城市通过选址来避灾，一般选择高爽之地，既能避开洪水病害，又方便军事防御。当时城内还没有重大污染源和危险源，功能分区不明显，以商住混合为主。城市防灾空间主要是外延式的，将灾害阻挡在城墙以外，保得城内的一方太平。当然，城内也有广场等开敞空间和绿地，但其防灾功能并不明显。城市空间网络结构以神权、君权思想为依托，强调以教堂、皇宫、广场、市场等为核心以及规整化、理想化的静态结构形态。城市路网结构无论是横平竖直的棋盘式，还是环状放射的蛛网式，都能保证灾害发生时交通的畅通和人员的疏散。

2.4.2.2　自觉抗灾时期

随着世俗主义在西欧的发展，以及科学作为另外一种获得知识的方法的发展，形成了不同的对灾害原因的认识：灾害被认为是“自然的产物”（Acts of Nature）。但是随着人们对可能的灾害影响因素了解的增多，能够采取行动弱化许多灾害的影响，尤其是通过加固建筑、建造堤坝的工程方法和其他的结构方法。以近代机械论自然观为基础，近代科学、技术和工业文明得到了极大发展。但是，工业革命以来，科学技术的进步在增强人类改造自然能力的同时，也强化了人们急功近利的欲望，人们洋洋自得地以自然界的主人和统治者自居，开始对自然资源进行掠夺式开发和无节制的耗费。在这种价值取向下，人的主观能动性就会无视受动性的存在而盲目膨胀。这种“能动性”最后也祸及人类自身。

19世纪之前，城市以农业文明为背景，经过持续而漫长的演化，城市的各种活动与城市规模是大致平衡的。中世纪的城镇规模都不大，城镇的尺度更倾向于合乎人的行为尺度，街道是以步行为交通方式，各条道路都集中到市中心交汇，平面轮廓常常呈圆形，城市生活节奏是缓慢的。工业革命的出现彻底打破了这种农业文明下的城镇平衡状态，规模生产的大型工厂进入了城市，作为工人的自耕农潮水般地涌入城市，大量的原料、产品和工人在城市中“川流不息”，铁路按照生产的要求在城市中任意“蔓延”。城市无限度地扩大，城市发展节奏加快。在这种人口和工业疯狂聚集的进程中，原有的城市结构关系已不复存在，新的城市功能又处于无序发展状态。城市发展是永不停息的，这样的城市形态必然会显得矛盾重重和混乱不堪，导致城市结构受到致命的破坏而难以修复、城市居住条件的恶化以及城市环境的恶化[1]。

1. 防灾功能表现形式

现代城市规划的产生较为直接的原因在于工业化过程中恶劣的城市环境以及由此而导致的流行病蔓延。1848 年英国《公共卫生法》（Public Health Act）的制定是一系列社会改良行动中的决定性事件，也被认为是近代城市规划的开端。

工业革命引发的城市化使得城市建设快速发展，城市开发陷入盲目追求最大经济利益的误区。城市无限制地向郊区蔓延，侵占耕地良田、挤占郊区森林、填埋河流、围海造田、穿山凿洞、裁弯取直……城市半径不断扩大，使市中心区与大自然分离。在工业用地、交通用地、商业用地等优先布置完成后，才有小块地作为绿化用地，甚至一些绿地被改作他用，城市绿地成为一种可有可无的附属品，造成城市疏散场地缺乏，仅有的绿地面积小，呈分散状态，不能构成完整的防灾空间系统。

19 世纪末 20 世纪初，英国霍华德倡导的“田园城市”运动，研究了考虑城市安全与卫生的城市形态布局理想方式。1918 年，芬兰建筑师伊利尔・沙里宁提出“有机疏散”理论，是为缓解由于功能过分集中所致的各种城市问题。他建议逐步改造旧有的大都市，使之恢复合理的形态布局秩序以利于城市的安全与防灾，认为城市可像生命有机体一样，将不同功能用地进行有组织的分别集中和分散安排。城市越是扩大越不利于自身的安全与防灾。英国 1941 年开始由艾伯克龙比主持编制的大伦敦规划继承了霍华德“田园城市”和盖迪斯“组合城市”的理念，将伦敦周围地区距中心 48km 范围内，由内向外划分为内城、近郊、绿带、外围四个圈层，在一定程度上保证了大都市的安

[1] 洪金祥，崔雅君. 城市园林绿化与抗震防灾——唐山市震后绿地作用与建设的思考 [J]. 中国园林，1999（3）: 58-59.

全与卫生问题（图 2-9）。

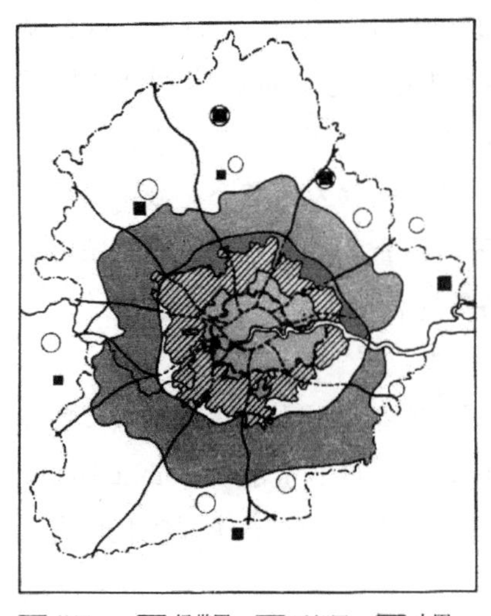

图 2–9 大伦敦规划示意图

（资料来源：http：//a1.att.hudong.com）

人们在“征服自然，改造自然”等口号的鼓舞下，开展了大规模的江河整治工程建设。修筑水库拦蓄洪水，修筑堤防防止洪水泛滥。人们普遍地增加了安全感，以为江河从此不再泛滥，河岸两侧开始大规模地建设，城市不断扩大，人口不断集中。当下一次泛滥发生时，人们又束手无策，发现洪水所造成的损失比以前有增无减，于是人们又要求更加提高江河的防洪标准。当人们又获得暂时而虚假的安全感时，就会刺激两岸经济的更进一步发展，直到再次发生泛滥时酿成更大的悲剧。人们陷入了经济发展与洪水灾害相互竞争的恶性循环之中。

2. 防卫功能表现形式

在冷兵器时代，用不着进行地下防护，防守主要靠城墙、战壕等工事；到了热兵器时代，尤其是飞机、大炮等杀伤力巨大的兵器普遍用于战争之后，人类才开始逐步进入地下防护体系。

空袭是一种特殊的城市灾害，对所有城市均有潜在的可能性，特别是政治地位重要的城市、经济发达的区域中心城市。城市人防工程规划的基本目标与城市安全规划在防空袭方面是一致的。对人防工程而言，工程性措施主要是依托各类地下空间设施；具体包括城市人防指挥设施系统、专业队工程和救护设施、仓储设施、人员掩蔽所等。这些设施除了可以应对空袭外，还可以承担应对其他灾害防救的功能。它们均以城市平时建设和发展的需求为主来进行规划建设。

影响城市空间格局集中的作用机制，也能导致城市空间的分散。这是同一个问题的两个辩证的方面❶。为战争防御的强迫性集中，是古代社会对付以冷兵器为进攻手段的城市空间方式。这种集中性的空间在现代战争中则成为不利的因素。外来力量对城市的侵袭会产生两种城市形态：如果从四周侵袭则可能使城市更加紧凑，导致封闭的圆形；如果是来自空间的侵袭则会导致城市变得分散，形成开放的网络形态（图 2-10）。

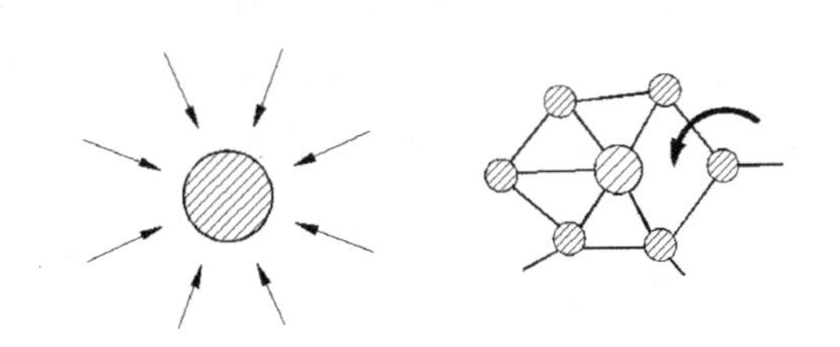

四周侵袭→紧凑封闭的城市空间结构　空中侵袭→分散开放的城市空间结构

图 2-10　外部安全因素对城市形态的影响

（资料来源：吴良镛. 人居环境科学导论 [M]. 北京：中国建筑工业出版社，2001：286）

冷战期间，美苏两国展开了核军备竞赛，核毁灭的恐怖时时笼罩在美国人的心头。因为核打击的首要目标是大城市，所以人口和机构在大城市的高度集中势必在战争中造成极大的损失。因此有人主张，为了避免受到巨大损失，将人口和重要设施适当向小城市和郊区疏散，其理想模式为一个人口稀少的中心城市，环以卫星城和低密度的郊区❷。这种思想对美国的郊区化产生过影响。在这期间，苏联采取了将工业分散到郊区和乡村地区的做法。这种疏散保证了工人和工厂被安排到可能被袭击区域以外的地区。这种疏散规划对苏联的城市规划产生了很大影响。在新的城市建设时，它们被规划成分散的城市，用郊区代替集中的城市。改造现状城市，建设宽阔的街道、人工的蓄水池，环绕城市的高速公路网络，减少建筑密度从而减少可能的爆炸和火灾损失。

3. 空间格局特征分析

自觉抗灾时期的城市建设往往忽略安全因素，无限扩张城市，利用技术与灾害对抗，城市多形成复杂半开放、高密度、功能分区明显的圈层半开放

❶ 朱喜钢. 城市空间集中与分散论 [M]. 北京：中国建筑工业出版社，2002：75.

❷ 孙群郎. 美国城市郊区化研究 [M]. 北京：商务印书馆，2005：174.

结构模式。此时期人们的认识水平和改造自然的能力提高了，在工具理性和自我膨胀思想的影响下，人们开始对自然过度干预，人与自然的关系则变成了“非线性（复杂性）”和“多维性”的关系。在人流、物流、能流、信息流多维非线性的相互作用下，一个小小的灾害都能对城市产生相当大的破坏作用。于是人们希望通过改变城市空间格局来避免城市产生安全问题。合理的城市空间格局与良好的城市综合防灾能力是相辅相成的，这些探索为今后的城市规划理论的发展和实践奠定了基础，也是考虑城市防灾减灾的城市形态布局优化的伟大实践。热兵器的发展使得城墙的防护作用降低，工程技术的发展使得城市抵抗自然灾害的能力提高，以及城市的经济功能越来越被强调，城市安全逐渐由城市规划的核心价值衰变为边缘地位。

2.4.2.3 自为耐灾时期

在传统的现代化社会中，人们相信人的理性力量可以控制自然和社会，使人类社会有秩序、有规则地发展。这种对社会的看法，可以称为一种“常态社会”的观点。但是，随着科学技术的高速前进以及全球化的迅猛发展，这种“常态”社会的观点已经日益不能符合社会的实际情况。因此，我们不得不正视世界已开始进入一个新的“风险社会”这一事实。

随着经济和社会的高速发展，城市发展已进入快速增长期，城市规模不断扩大，人口密集度不断提高，社会不安定因素增多，人为灾害的可能性增加。城市不断发展，人们对环境肆意破坏，导致全球气候变化异常，还引发一些城市安全问题。当前比较突出的新灾种有高温、冰雪、化学事故、信息网络危害、传染性疾病、空气水污染以及恐怖袭击等。

随着对灾害认识的提高，人们不再把它看作是“上帝的创造”和“自然的产物”，而是“人的作品”（Acts of Men and Women）。支持这一认识的学者和专家认为灾害直接或间接是由人的故意和非故意的行为引起的。根据乌尔里希・贝克的观点，风险被定义为处理由现代化本身引起的危害和不安全的系统方法，[1] 因此，风险不再被看作一种特点，而是作为一种研究社会行为的方法，后现代的观点进一步强调了这种看法。1990 年代后期，自然灾害开始

[1] 贝克. 风险社会 [M]. 何博闻，译 . 南京：译林出版社，2004：19.

被定义为社会产生出来的问题，而不是不幸的技术性事故或者上帝和自然所为，国家对灾害的关注转向减轻灾害和可持续发展，更多的区域在寻求减灾的新途径和办法。

1. 防灾功能表现形式

阪神大地震对市民生活及城市活动造成了巨大的影响。幸运的是担负神户市一部分中心区功能的 KHL（地名）只受到了比较小的损害，因此，灾后不久城市功能就得到恢复。尽管有很多市民和企业迁往邻近县，但商业等第三产业还是得到了迅速的恢复，KHL 成为遭受巨大灾害的神户市的复兴基地。此外，以港岛为中心的海上市区、内陆的新市区也成为震灾后神户市的救助、救援、重建活动的基地，市民生活和经济活动没有因巨大震灾而停止。从整个城市市域来看，因神户市具有多核心的城市结构才使受灾范围缩小到一定的程度，同时，也为救助、救援、重建提供了基地。城市受到巨大灾害后，城市结构对承受灾害的能力和今后的重建、复兴活动有着极大影响。

唐山市在震后重建中采用分散城市功能，根据地震断裂带走向规划出“L”形城市空间形态。开辟城市新区，发展次中心城市，从中心区迁出一些大型工厂，相应疏散和减少中心区人口。原市区的路南区是 1976 年大地震的极震区，基本烈度 11 度，该区坐落在地震活动断裂带上，重建后将区内主要厂矿（如机车车辆工厂、轻机厂、齿轮厂等大中型企业）迁至距中心区 25km 的丰润县城东侧，开辟了新城区——丰润区。目前，唐山市区就是由各相距 25km 的 3 个中等城市规模的城区组成，其间有便捷的铁路、公路联系形成组团式的分散型城市布局，对于抗震防灾是十分有利的。

在城市面对巨灾的防灾和迅速恢复的时候，多核心网络城市形态具有重要的意义。同时多核心网络结构也有利于城市多目标的实现，有利于城市的可持续发展。2003 年“非典”爆发，与其他大城市，尤其是与深圳相连的香港和广州相比，深圳的发病率较低，“非典”疫情在深圳得到较好控制。组团式的布局结构，在应急隔离过程中带来一定方便。尽管“非典”的流行与城市空间格局的相关性还缺乏有科学说服力的研究结论，但是从应急组织的角度，深圳规划采取了多组团模式，分为 16 个组团，700 万人口分散在各个组团中，每个组团的居住、就业、娱乐、生活具有相对独立性，组团之间人口流量不大。疫病流行期间，较容易采取隔离措施，对居民和务工人员的工作、生活影响也比较小。相形之下，广州、香港的“摊大饼”式发展就暴露了面对灾害时的脆弱性。

俞孔坚从城市生态防洪角度进行了尝试。在台州市的生态安全格局中，除了为海潮预留了一个安全的缓冲带以外，还为城市预留了一个“不设防”的城市洪水安全格局：一个由河流水系和湿地所构成的滞洪调洪系统，把洪水当做可利用的资源而不是对抗的敌人，并将其与生物保护、文化景观保护及游憩系统相结合，共同构建了城市和区域的生态基础设施，就像市政基础设施为城市提供社会经济服务一样，它成为国土安全的保障，并为城市持续地提供生态服务。

2. 防卫功能表现形式

进入后工业社会，对主动离心化和高速公路景观的技术性蔓延已经开始褪色。面对袭击时采取扩散主张实质上已经影响很小了。这是由于几方面的原因，一些有影响的战略家总结出，在核打击事件中，城市与军事和其他非城市目标相比将是第二位的。新式武器的发展，尤其是洲际弹道导弹的出现进一步使人们认识到城市的疏散作用是有限的。

当今世界已进入核武器时代，在不首先使用核武器的承诺下，只有隐蔽于地下的核武器才能保存核反击力量，才能对世界上的核霸权具有威慑力。城市的防卫设施需要极其隐蔽，大城市防卫功能的要求也得到了升级。

信息化战争改变了机械化战争的传统模式，卫星定位，精确制导空中打击，成为典型的作战样式，作战效能具有亚核战争威力。为了在遭受首次打击中有效地保存战争潜力，必须建设一批具有高强度防护效能、功能齐全的人防地下工程。地下工程建设要与经济建设、城市建设相结合，其防护标准和防护功能要适应现代高科技条件下局部战争的需要。城市的空间格局和功能要更进一步往地下延伸，尤其是其防卫功能需要更具有隐蔽性和抗打击的能力。

3. 空间格局特征分析

自为耐灾时期，人们的安全意识开始觉醒，开始重视城市耐灾能力，限制城市大小，城市开始减少扩张，分散建设多中心城市，形成更复杂、开放和松散化的多点开放结构模式。此时期随着后现代思潮的流行，人们开始质疑或否定现代的进步性与理性，反对理论化和统一性，重视差异性与多元化[1]。伴随着经济全球化和快速城市化的浪潮，整个世界已经扁平化，未来的一切开始变得非常不确定[2]。再加上经济的快速增长和人口的膨胀，全球的环境问题日益严峻。面对外界环境，人们开始对自己的能力丧失信心。灾害的多变量、不确定性，使人们变得不知所措。人们开始努力去提高灾害恢复性，更多地关注能够控制的元素。因此，需要建设耐灾城市，增强城市应对各种不测灾害的能力。新世纪城市安全问题呈现新的趋势。恐怖袭击、致命传染病重新唤醒城市规划对于安全问题的关注，工程防灾作用的有限性让人们考虑用城市规划的方法更为长久地解决城市安全问题，以人为本的普世价值重新开始成为城市规划的目标。城市安全正在实现着作为城市规划核心价值的回归。

2.4.3　城市安全与城市空间格局演变基本规律总结

2.4.3.1　城市安全与城市空间格局演变机制

城市空间结构是城市功能组织方式的空间表征，其发展演变的内在机制，本质上是出自于城市结构形式不断适应变化着的城市功能的要求，即“功能—结构”的矛盾运动：随着社会、经济、文化的历史发展，带来城市功能的变化，逐渐扬弃了原有的“功能—结构”的适应状态，从而孕育、产生、发展新的城市结构形式。“功能—结构”规律在城市形态发展过程中，决定着城市空间结构发展的时段特征和演变的总体方向。安全保障作为城市的一项基本功能要求，自然与城市空间结构之间存在着一种互动机制。城市空间格局是城市空间结构的具体表达形式，是物化状态的城市空间结构，因此城市空间格局也是城市安全功能的反映。

2.4.3.2　城市安全与城市空间格局演变规律

通过对城市安全意识演变阶段的分析（图 2-11），发现城市防灾和防卫两大功能对城市空间格局的影响程度是不断变化的。自发避灾时期人们的抗灾

---

[1] （美）艾琳（ELLIN N.）. 后现代城市主义 [M]. 张冠增，译. 上海：同济大学出版社，2007.

[2] （美）弗里德曼. 世界是平的 [M]. 何帆，肖莹莹，郝正非，译. 长沙：湖南科技出版社，2006.

能力较弱，城市防卫的影响为主、防灾为辅；自觉抗灾时期城市的经济发展功能占主导地位，防卫和防灾的影响程度都减弱了，而且防卫功能的影响还要低于防灾功能；自为耐灾时期由于人为因素引起的城市安全问题越来越突出，城市防卫功能影响升级。

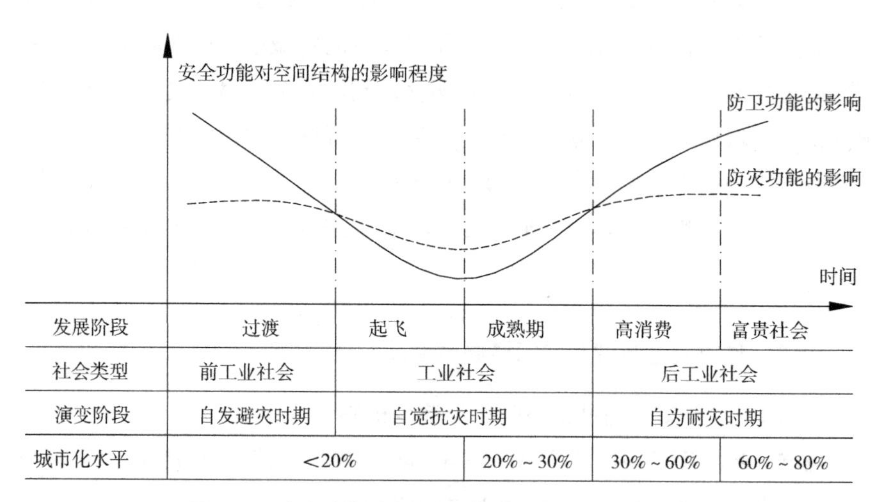

图 2-11　安全功能对城市空间格局影响的阶段特征分析

安全城市空间格局模式的演变　　**表** 2-4

社会类型	演变阶段	建城思想	建城空间	城灾关系	城市空间格局特征	安全城市空间格局模式
前工业社会	自发避灾时期	重视安全	因地制宜	顺应	简单封闭 紧凑 功能区混合	单点封闭空间格局
工业社会	自觉抗灾时期	忽略安全	无限扩张	对抗	复杂半开放 高密度功能区分化	圈层半开放空间格局
后工业社会	自为耐灾时期	安全觉醒	回归自然	相容	更复杂开放 有所松散 功能复合化	多中心网络型开放空间格局

综上所述，在城市安全意识演变的三个历史阶段里（表 2-4），建设城市

时对安全的考虑思想由重视安全、忽略安全到安全觉醒，城市空间由因地制宜、无限扩张到回归自然，城市与灾害的关系经历了“顺应—对抗—相容”的过程，城市的人工空间与自然空间也由共生、脱离到再次协调。城市空间格局特征由简单封闭、紧凑和功能区混合，到复杂半开放、高密度和功能区分化，再到更复杂开放、有所松散和功能复合化。安全视角下的城市空间格局模式则由单点封闭空间格局、圈层半开放空间格局再发展为多中心网络型开放空间格局。

因此，在可持续发展风险日益严峻的时代背景下，人们亟须重塑安全观，以调整优化城市空间格局为重要手段，从而提升城市对可持续发展风险的预防、响应与化解能力。

但以上分析均是基于历史城市经典案例所作出的判断，如需进一步增加结论的科学性，可以先将城市安全问题划分成自然灾害问题、技术灾害问题和社会灾害问题三大类，然后再细分成一些小的灾种，对这些灾种的特点进行分析。再将这些灾种类型与城市空间格局的安全因子一一作出相关分析，以找到不同灾种所对应的影响关联度较大的一些安全因子，从而窥见它们之间深层次的关联作用机制，最后对这些关联作用进行综合分析，找出一些特征和规律，从而为城市空间格局的安全优化策略与安全评价研究奠定基础。虽然本章只是关于城市安全与城市空间格局从宏观大尺度且在历史演变中的一般静态关联特征（规律特征的结论还需要作进一步的科学论证），但希望能为个别城市现在和将来的城市空间格局找到其适合的坐标，并于规划和建设中提供策略参考。

第3章　安全城市空间格局理论基础

“正如健康不仅仅是没有疾病一样，安全不仅仅是意味着没有战争。当一个国家知道什么是不安全时，并不能说他很容易地认识什么是安全，正如在完整与恰当的意义上认识疾病，要比在完整与恰当的意义上认识健康容易得多。”❶

——诺曼·迈尔斯

传统的城市安全研究实际上是建立在对城市安全规律确定性的假设之前的，至少认为可以通过风险概率等方法对灾害规律加以把握，但随着人类对城市系统干扰的加剧，自然灾害的规律性在减弱，技术灾害和社会灾害在城市问题研究中的引入，使得城市安全研究对象的不确定性更加突出。灾害危险的不确定性和承灾体的复杂性使得传统的城市安全研究范式已经不能适应这种变化，需要有新的研究范式的出现才能加以解决。

从前面的理论研究综述可以看出，目前国内虽然对城市安全关注较多，也进行了一些整合性的研究，但是缺乏系统化的理论成果，对于城市安全理论框架尚未形成权威的理论。笔者拟在综合已有理论研究的基础上，从城市灾害的角度切入，深入剖析城市安全功能，并将城市安全理论整理为系统化的理论框架。城市安全的机制研究和安全城市基础研究框架是本章的主要内容，为接下来关于安全城市空间格局的研究提供理论准备。

❶（美）迈尔斯．最终的安全——政治稳定的环境基础 [M]．上海：上海译文出版社，2001.

3.1　城市安全机制研究

3.1.1　灾害生命周期的四个要素

灾害生命周期（Disaster Life Cycle）在灾害研究文献中是一个重要概念，大部分的应急管理实践者都受到其影响。灾害生命周期有四个基本要素：备灾（Preparedness）、回应（Response）、恢复（Recovery）和减灾（Mitigation）。备灾是应急管理的基本组成部分，被定义为准备回应灾害（Disaster）、危机（Crisis）和其他类型的紧急事件（Emergency）[1] 备灾一般包括灾前（应急）规划、评价易损性和实施演习等内容。

3.1.2　灾害管理周期的四个阶段

美国联邦紧急事务管理署（FEMA）提出，灾害管理的工作内容与灾害循环周期关系密切，可分为平时减灾阶段（Mitigation）、灾前准备阶段（Preparedness）、灾时回应阶段（Response）、灾后恢复阶段（Recovery）四个阶段。

3.1.3　灾害风险管理的两种方式

考虑时间因素，风险管理被分为平时管理和灾时管理。前者针对可能发生的灾害，是一种主动性（proactive）防灾管理。后者是分别考虑灾害初期、灾中和灾害刚结束不同时期所进行的备灾、回应和恢复等反应性（retroactive）的应急管理[2]。这是本书进行防灾和应急划分的依据，是一种侧重于针对安全问题采取对策的性质和内容进行的划分，而不仅仅是根据时间阶段。

3.1.3.1　减灾（Mitigation）

“减灾”是指贯穿灾前、灾后各个阶段所采取的一种长期的、主动的对策，主要是为了能减少灾害的发生。

[1] HADDOW G D，BULLOCK J A. Introduction to Emergency Management[M]. USA：Elsevier，2003：38.

[2] OKADA N，YOKOMATSU M，SUZUKI Y，et al.. Urban Diagnosis as a Methodology of Integrated Disaster Risk Management[A].Annuals of Disas. Prev. Res. Inst.，Kyoto Univ.，No. 49 C，2006：50.

防灾重过程和措施，减灾重结果，两者在目的层面上是一致的。又如，在通常的习惯中，人们常常将防灾与减灾视为同一个概念，不专门去研究两者的区别；因此，本书暂且不区分防灾与减灾的差异之处，姑且认为，防灾等同于减灾。

3.1.3.2　应急（Emergency）

“应急”是针对可能发生的重大灾害采取的短期的、被动的对策，包括了备灾、回应和恢复等阶段，主要是为了能够减少灾害造成的损失。应急一般是指针对突发、具有破坏力的事件所采取的预防、响应和恢复的活动与计划。应急工作的主要目标是：对突发事故灾害作出预警；控制事故灾害发生与扩大；开展有效救援，减少损失和迅速组织恢复正常状态。

各国在具体实践中，对防灾和应急的重视程度是不同的，美国的体系比较重视应急，而日本的体系在防灾方面很突出。最理想的方式是对防灾和应急同等重视。本书针对城市安全本体空间进行研究时，就利用这两种不同的灾害管理模式将城市安全空间要素划分为防御空间要素和应急空间要素。

3.1.4　城市安全功能的两种形式

由于不同的灾害与城市空间格局的作用机制不一样，不同防范对象会对城市空间格局有不同的要求。为了方便研究，可将城市安全保障功能大致分为两种：防灾和防卫。自从城市产生以来，几乎都体现了城市防灾和防卫的两种需求，有的可能各有侧重。以此为基础，笔者以城市防灾和防卫的两种功能需要为线索，分阶段研究其对于城市空间格局演变的影响。

3.1.4.1　防灾

城市防灾功能主要是针对自然灾害和人为事故性灾害，防范的直接对象是物（具有相对的稳定性）。在科技不发达的远古时代，城市选址布局对防范自然灾害极为重视，“美索不达米亚城市的效能极大地增强了城市本身吸纳人群、滋养生命的特性，那里的城市大多建址于大型台地上，因而可以避免周期性洪水的袭击，较周围广大的农村地区而言处于优越的地位：伍利认为，并不是什么乌特那皮什提姆方舟，而是上古的城市，在洪水到来时充当了抵御灭顶之灾的主要工具”[1]。

3.1.4.2　防卫

城市防卫功能主要针对人为故意性灾害，防范的直接对象是人（具有主观能动性）。城市是由于人类在聚居中对防御、生产、生活等方面的要求而产生的，并随着这些要求的变化而发展。在中国周代，城与国意义相同，国字（指繁体字）即或字，或字象形以戈守土，这说明城是防御性的构筑物。不仅在中国，西方的早期城市也是如此。“从社会的观点来看，城墙突出了城里人同城外人的差别，突出了开阔的田野同完全封闭的城市两者的差别；开阔的田野会受到流寇和入侵军队的侵扰，而封闭的城市中人们则可以安全地工作和休息，即使在战祸时期也如此。加之有了城市内部的水源和丰富的谷物贮备，这种安全感可以说是绝对的了”[2]。

3.2　城市安全基础研究框架

在现有对于城市安全的专门化研究成果中，缺乏系统化的框架构建，笔者试图基于前文关于城市安全的哲学理论基础，搭建一个系统化的框架（图 3-1）。

首先分别用整体论和还原论来认识城市的复杂性和精确性，进而超越还原论并发展整体论，深入了解城市系统结构和系统要素。运用老子的“有欲观”法和“无欲观”法并互相配合，由“徼”及“妙”，又由“妙”及“徼”，互为体用、反复验证，直至完美获取城市系统真实的神形全貌。

然后针对城市安全问题，对城市系统进行整体的“预防调理”来解决城市系统结构安全问题，对城市系统进行局部“诊断治疗”来解决城市系统要素安全问题。

最后结合系统论的系统结构、系统要素和系统涨落形成城市安全问题的三个方面内容——城市系统结构安全、城市系统要素安全、城市系统发展安全，进而构建城市安全的基本理论框架。

[1]（美）芒福德. 城市发展史：起源、演变和前景 [M]. 宋俊岭，倪文彦，译. 北京：中国建筑工业出版社，2005：102.

[2] 同[1]：72.

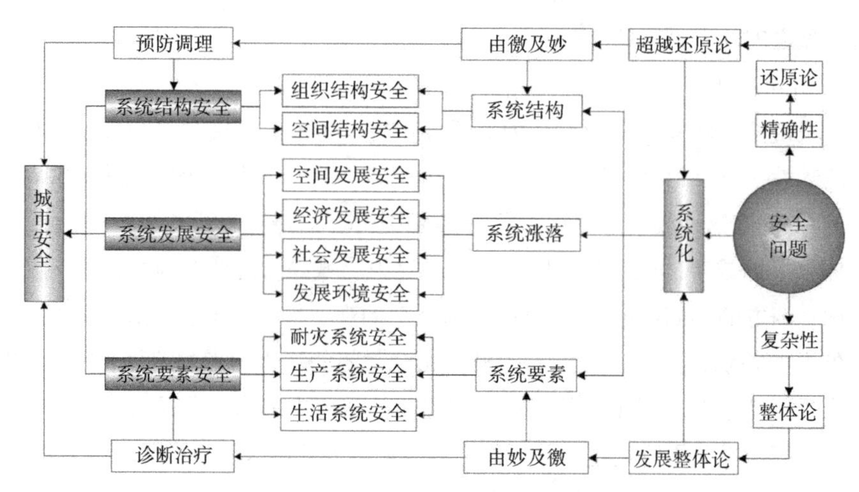

图 3-1 “城市安全”基础研究框架示意图

城市系统结构安全指城市作为一个复杂的巨系统的安全，保证整体安全的根本在于系统整体的结构关系的合理和弹性，包括城市空间结构的优化、城市组织结构的完善。

城市系统要素安全指城市巨系统的因子自身安全，包括工业生产的安全，居住社区的安全、公共中心的安全、流通系统的安全以及特别危险物的安排。

城市系统发展安全指城市的发展变化不会导致风险事故的发生，能够与自然和谐共生的状态，包括发展方式的友好、规避制约性的重大风险、发展资源的充足等。

城市安全具有时间和空间维度的特征，会随着时间的推移而不断发展变化，同时城市系统也在不断发展变化着，应适时地调节系统结构和要素，以达到城市系统稳定和谐的状态。

3.2.1 城市系统结构的安全

城市是一个个子系统组成的复杂的巨系统，城市整体系统并不等于各个子系统的加和，而具有整体所独有的特性，这就是系统论观点反映的城市的基本规律。因而考察城市安全的时候，需要从整体系统的角度，考察只有从整体角度才能解决的问题。对城市整体系统的考察主要通过对城市结构的把握来获得。从系统论的思想出发，结构是系统各要素的基本组织关系的抽象化总结。相同的要素和子系统以不同的结构关系组合，可以形成不同的系统整体。因而，结构是系统最基本的存在方式，正是因为有了结构的存在，才有了系统的整体非加和性，对系统结构的掌握是实现对系统整体调控的重要手段。

城市作为一个复杂的巨系统，城市结构关系是对城市整体系统状态的重要反映，也是对城市系统进行调控的关键要素。通过对城市结构关系的调整，可以改变城市系统的要素和子系统的相互关系及影响方式、力度、效果，从而实现对城市系统的整体状态的调控。

改变城市结构关系的途径和方式也可以是多种多样的，从而对城市系统状态的调控目的和效果也可以多种多样，其中一种方式就是基于城市安全的思想和要求对城市结构关系进行调控，从而达到改善城市安全水平的目的。这就是通过城市系统结构的调整“优化”促进城市安全的基本原理。

城市系统要素和子系统丰富多样，城市结构是对城市系统一系列要素和子系统的结构状态特征的统称。城市结构可以分为多种层次和方面，如城市功能结构、城市产业结构、城市人口结构、城市社会结构、城市用地结构、城市空间格局等，其中城市用地空间格局是所有城市结构的基础。这是因为城市所有的系统要素和子系统都需要依赖一定的物质要素而存在，即落实到一定的用地空间上，而城市的用地空间是能够直接为人所控制的物质对象，也是人类构建城市的基本元素。因而在对城市各类结构的调整中，对城市用地空间格局的调整占据重要地位。这也是城市规划从最初的对理想城市的系统化构建发展到以对城市用地空间进行调控为核心的原因所在。其中，用地主要是城市物质实体的二维表现，空间主要是城市物质实体的三维表现，二者共同构成城市的物质实体整体。

不同空间结构的城市，发生风险事故的概率是不一样的，面对风险的承受能力也是不一样的。城市用地空间结构的优化就是通过城市空间格局的调整或重构，达到降低城市风险事故发生的概率，提高抗风险能力的目的。城市空间格局的演变是自组织和人为干预共同作用的结果，受到经济、社会、生态、政治、文化等多种因素的影响，又反过来影响和限定着这些因素的演变。

系统是结构与功能的统一体，结构是系统内部要素相互作用的秩序，即元素之间相互稳定，且有一定规则的联系方式的总和。系统的功能是系统对外部作用的秩序，即系统行为所引起的环境中的某些变化。一般认为系统结构决定系统功能，也就是说结构是功能的内在基础，功能是结构的外在表现。不论是结构还是功能，它必须以一定的系统组分为基础，那么组分的素质和性能必然对系统功能产生作用。另外，系统要生存与发展就必须与环境进行物质、能量和信息交换，作为系统与环境作用的功能又必然与环境有关。所以，系统结构决定系统功能的原理是针对组分给定的条件和环境相对稳定的情况来说的。

要达到“城市安全”的功能目标，就需要研究与之联系的空间结构优化和组织结构优化的问题。

3.2.1.1　城市空间结构的优化

孙施文认为城市土地使用及其区位和强度的分布，在城市范围内形成了特定的空间关系，当与交通路线和设施相结合，即构成了城市的空间结构和形态。城市空间结构是城市社会经济关系在城市土地上的投影。城市土地使用的结构和形态，建立了城市范围内的一种空间秩序和关系。[1]

现有的防灾规划中涉及城市空间的内容多是分散于各个单一灾种的规划中，且涉及的内容多是针对某个功能空间体系的局部研究，而没有从宏观层面把握城市空间布局的防灾意义，忽略了城市空间系统的整体性防灾研究。结果各灾种自行其是，条块分割，造成不协调甚至矛盾，并导致各防灾设施重复设置，造成人力、物力、财力的浪费。如果城市没有形成一个具有良好防灾能力的空间结构，只是单一地强化各种专项防灾规划或加强工程性防灾措施，就不会从整体上提高城市的安全能力。其实，各类灾害的防治措施和支持条件有一定的共性，城市安全空间的系统化研究就是要充分利用城市空间的防灾特性，对相关空间元素进行防灾整合，发挥其最佳效能。既要防止各种类型灾害防救空间各行其是，相互矛盾或造成重复建设，同时还要最大限度地发挥空间平时所承载的城市其他功能如商业、休闲、交通、娱乐等，

[1] 孙施文. 城市规划哲学 [M]. 北京：中国建筑工业出版社，1997：76.

这样才能提高城市空间资源的利用效率。

3.2.1.2　城市组织结构的优化

一般的城市组织都有自己的职能部门，也有管理层级。这些不同的部门和层级是为组织的内部运作和与环境的相互作用而设置的，也是为实现组织目标所必需的。这些部门和层级之间的相对稳定的关系，就是组织结构（Organization Structure）。公共组织结构（Public Organization Structure）是指公共组织内部各构成要素以及它们之间的相互关系。公共组织结构的确立涉及它的管理幅度和管理层次的确定、机构的设置、管理职能的划分、管理职责和权限的认定及组织成员之间的相互关系等。组织结构的本质是组织好员工的分工协作关系，其内涵是人们在职、责、权方面的结构体系。[1]

美国的管理学家 F. E. Kast 和 J. E. Rosenzweig 提出组织的权变观念，认为:“权变观点所要研究的是组织与其环境之间的相互关系和各分系统的相互关系,以及确定关系模式即各变量的形态。权变观点强调的是组织的多变量性,并力图了解组织在变化着的特殊环境中运营的情况。权变观点的最终目的在于提出最适宜于具体情况的组织设计和管理行动”[2],即组织通过结构的优化来适应环境变化对其功能提出的新的要求。

3.2.2　城市系统要素的安全

城市是一个开放复杂的巨系统，前面是从系统整体的角度考察其安全，接下来需要从城市的系统构成角度考察其安全。城市的系统非常复杂和巨大，完全罗列其要素和子系统几乎不可能，这里仅从功能角度划分，就城市系统的若干主要子系统进行分析和考察，重点讨论其对于城市安全的影响性。考察对象包括城市生活系统、城市生产系统和城市耐灾系统三个方面。分析过程则主要依据系统论的思想，考察在功能子系统界定下的功能与空间、社会、经济等要素的复杂的相互影响，以及三个功能子系统之间的互动过程。

[1] 赵慧英，林泽炎. 组织设计与人力资源战略管理 [M]. 广州：广东经济出版社，2003：51.

[2] （美）卡斯特，罗森茨韦克. 组织与管理：系统方法与权变方法 [M]. 北京：中国社会科学出版社，2000：144.

3.2.2.1　城市生产系统的安全

工业生产是现代城市的重要职能之一，也是影响城市环境的重要因素。从工业类型看，城市规划领域按照需用地的不同，二、三类工业对城市环境的影响较大，其中三类功能工业影响尤其重大，是环境保护的重点监控对象。工业生产对城市安全的影响主要体现在大量消耗资源和能源、产生大量污染、本身具有一定的危险性三个方面。近年来，对于循环经济、清洁生产等的关注就是对传统功能工业生产粗放型重污染模式的改进。大量工业企业从城市中心区外迁则反映了人们对于工业生产的危险性影响的关注和规避。

城市生产系统中有一些特定的风险要素是值得注意的，如油库、化学工厂等。城市危险物按照形成危险威胁的种类可以分为爆炸危险物、火灾危险物、毒害危险物、射线危险物等。爆炸危险物指可能产生大量爆炸而导致灾难的危险物，如城市油库。火灾危险物指已发生火灾的危险物，如易燃物仓库等。毒害危险物指可能产生毒害物品的扩散而形成危害的事物，如化工厂、特殊实验室等。射线危险物指可能产生放射性物质危害的危险物，如核能设施等。城市危险物是导致灾害性事故的潜在诱因，城市危险物所在地是灾难性事故的易发区，对城市危险物的安排对于保证城市安全、降低城市风险具有重要意义。

3.2.2.2　城市生活系统的安全

生活也是城市的主要职能之一，城市从根本上是一种人居环境。生活对于城市安全的影响主要体现在消耗大量能源的同时产生大量的废弃物，对环境造成巨大冲击。人类具有追求舒适和享受的天性，但是凌驾于环境破坏之上的舒适则可能是一种“毒害”。今天许多难以治理的环境污染面源就是伴生于现代人的生活方式，比如大量空调器的使用导致全球气候变暖、大量氟利昂的排放导致大气臭氧层空洞、大型公共设施是能源消耗的“黑洞”、大量汽车尾气的排放导致城市空气污染等。由于生活方式造成的生态问题存在着责任人不明和污染量不清的问题。责任人不明表现在对于生活污染每个人都是责任者又都不是责任者，因为单独的某个人的污染是无害的，但是大家积累到一起就可能造成非常严重的后果。污染量不清表现在由于最严重的后果是多人积累造成的，而少量的污染是没有这种后果的，其中从量变到质变的临界点无法清楚了解，因而给污染控制带来困难。

3.2.2.3　城市耐灾系统的安全

耐灾系统是城市面临各种灾害事故时保证城市人、物安全和尽可能降低灾害损失的一系列设施的体系。基于前面对于城市安全的定义，不仅包括不发生风险事故，还包括对风险事故的承受能力，城市安全保障系统正是为了提高其承受能力而构建的。要提高对灾害的承受能力，需要从城市整体的角度构建安全保障系统。城市安全理论中的耐灾系统，与市政工程规划中的生命线系统具有某些相通之处，都是为了尽可能减少灾害状态下的生命财产损失，但是也有自己的特点。从其构成上，不仅包括城市生命线系统具有的保证城市基本运转的必要设施，还包括减少灾害杀伤力的灾害防御系统，如防洪排涝设施、消防设施、人防设施、抗震设施、疏散通道、绿化屏障、开敞空间和设施等。

3.2.3　城市系统发展的安全

城市不仅仅是静态的物质实体，还在不断发展变化着，城市环境也在发展变化着。从城市发展的角度考察城市安全的特征和影响因素，能够更好地理解城市及城市安全的动态意义，以及实现城市安全优化的过程性特征。某个时段的安排可能保证了该时段城市安全状况较好，在下一个时段有可能是城市安全状况恶化的因素。因而，城市发展的安全关系到城市的永续发展和长远安全。城市发展的安全就是指从城市发展的角度看，不仅在某个状态下达到较好的安全状态，而且采取的发展理念和途径也是依循安全的原则，朝着环境友好的方向前进的，从而实现城市发展全过程的安全。城市是一个巨系统，其发展也是系统整体及各部分发展演变及相互影响的结果。城市的发展可以归结为空间发展、经济发展、社会发展、环境演变等方面，从而确定城市空间发展的安全、城市经济发展的安全、城市社会发展的安全、城市环境演变的安全四个主要的考察领域。

3.2.3.1　城市空间发展的安全

用地选择是城市空间发展的第一步，包括选址和用地扩展等。选址是城市发展的第一步，用地扩展也是城市外延扩张的重要方面，是城市空间发展壮大的直接标识。当前中国处在快速城市化时期，用地空间的拓展是城市发展的主要表现形式。城市用地空间是一切城市活动的载体，城市用地选择的安全则是为城市的进一步发展，以及经济、社会、环境等的演变提供了一个无风险的平台，对于城市整体的安全具有至关重要的作用。城市所有的经济、社会、文化、政治要素都需要依托一定的物质实体和用地，所谓“皮之不存，毛将焉附”，若最基础性的用地出现安全问题，则这些经济、社会、环境、文化、政治等要素都根基不稳了。

城市选址与用地扩展安全的基本要点是对用地进行适用性评价。一般的城市规划用地选择时进行的用地适用性评价主要针对用地的灾害性条件等方面进行评价，包括地质、水文、地耐力、平整度等方面，在进行用地选择时还需要综合考虑用地区位条件、城市发展要求及周边环境的影响。从城市安全的角度，城市用地的选择还需要综合考虑其对安全的影响，并追求用地的选择不损害城市安全，同时能够适当优化城市安全的状态。

3.2.3.2　城市经济发展的安全

城市经济增长是城市发展的重要内容，只有经济增长了，才能改善、更新城市设施和提高居民生活水平。但是经济增长不能以牺牲环境为代价，而需要促进环境的合理演变和社会发展的逐渐进步，从而获得共同发展，所以今天人们更愿意用“发展”一词来形容城市经济增长。

3.2.3.3　城市社会发展的安全

城市的发展必然伴随着城市社会体系的演变更新，有纵向的历史传承与更新，也有横向的不同人群的融合和冲突。城市社会发展决定了城市中人群的生存和交往方式，对城市的安全也产生着重大影响。

3.2.3.4　城市环境演变的安全

伴随着城市的发展，城市环境也在不断地发展演变，这是必然的趋势。但是，在人工化程度很高的城市中，与城市经济发展和城市社会发展的施动影响性不同，城市环境的演变更多地表现为城市发展的受动影响和反作用影响。城市发展对城市环境演变的影响有两个方面：环境优化和环境恶化。城市环境的恶化直接影响城市的安全。环境污染是导致现代城市环境恶化的重要因素。今天的环境污染呈现新的特征，传统的污染点源在经过多年的治理努力后已经逐渐式微，而新兴的污染面源逐渐成为环境恶化的主要因素。这些面源污染初期常不为人们所重视，但时至今日，日积月累的效果日益严重，影响全人类的全球变暖、臭氧层空洞等问题就主要是由这些面源污染造成的。

3.3　安全城市基础研究框架

3.3.1　安全城市特性研究

3.3.1.1　易损性

“Vulnerability”的语言学根源可以追溯到拉丁语中的“vulnus”，意思是伤口、敷伤口的药和受伤。在拉丁晚期（Late Latin），词汇“vulnerablis”指受伤的士兵，即已受伤害的或者易受伤致死的。《牛津英语辞典》的定义为：易于受到物质的和感情方面的伤害。灾害研究中的易损性概念较不统一，不同的研究者根据自己的研究需要进行不同侧重的定义。一个较有共识的“vulnerability”定义是指系统（system）在回应刺激（stimulus）的时候容易受到的伤害[1]。这反映出易损性是一个基于承灾体与外界灾害环境相互关系层面的概念。易损性的基本类型可以概括为：物质易损性和社会易损性。

3.3.1.2　耐灾性

“Resilience”在没有引入灾害研究中时，更多地被理解为恢复性或弹性。英文“resilience”源自拉丁文“resilio”，意思是跳回的动作。《牛津英语辞典》的解释是：①回跳和反弹的动作；②伸缩性。《Merriam-Webster 词典》对“resilience”的定义为“针对灾祸和变化，一种能够恢复或容易调整的能力”。作为纯粹机械力学概念的“resilience”是指材料在没有断裂或完全变形的情况下，因受力而发生形变并存储恢复势能的能力[2]。1970 年代开始，恢复力这一概念首先从力学被引入生态领域，以描绘系统承受压力及回复到原有状态的能力。目前，它已经成为生态、灾害和气候变化等多个学科共同关注的对象。随着全球范围对灾害问题关注的日益增加以及灾害研究的不断深入，

---

❶ FORD J. Vulnerability：Concepts and Issues[Z/OL]. 2002.www.arctic-north.com/JamesPersonal-Website/Ford2002.pdf.

❷ GORDON J E. Structures [M]. Harmondsworth：Penguin Books，1978.

“resilience”作为衡量灾害系统的一个属性被引入灾害学领域，并且越来越多的灾害学家开始关注灾害恢复力（耐灾性）在灾害管理中的重要性。

3.3.1.3 耐灾性与易损性的比较

耐灾性在灾害论述中的出现被看作是一种新的灾害回应文化的诞生。2005年世界减灾会议（WCDR）的成果确认了这个概念被应用于防灾的广泛领域，包括在理论和实践两方面。然而，当一些人将其看作是一种新的范式的时候，其他人只将它作为一种与易损性（Vulnerability）以及风险一类术语不同的，更强调正面内容的表达[1]。耐灾性与易损性在思想基础、作用机制、适用对象和系统环境等方面均有所不同。

Berkes认为耐灾性的讨论比易损性重要的原因有三个方面：第一，耐灾性的考虑有助于提供一种多灾种的方法，与灾害研究中对灾害风险进行整体评价的趋势是一致的。第二，耐灾性强调了系统处理灾害的能力。第三，因为耐灾性动态地回应灾害，因此它是向前看的，有助于处理不确定和变化的政策的选择。[2]

相对于一个城市来说，我们往往会说城市越大越不安全，越小的城市或是村镇由于人口密度低，相对来说会更安全。其实，这是从易损性（Vulnerability）的角度来说的。如果从耐灾性（Resilience）的角度来看，大城市拥有更多的防灾救灾资源，紧凑的空间让救援反应速度更快，因而相对来说大城市比小城市会更安全。正如Cross所说：“尽管大城市边缘的贫民窟的居民，和那些生活在小城市贫困地区的居民类似，不像富有邻里那样容易获得资源，事实上，大城市作为整体还是拥有更多增强城市耐灾性的资源。”[3]

3.3.2 安全城市实现模型

在危险环境中暴露的增加将会导致更多的自然灾害和更严重的损失。为

---

[1] MANYENA S B. The Concept of Resilience Revisited[J]. Disaster，2006，30（4）：433.

[2] BERKES F. Understanding Uncertainty and Reducing Vulnerability：Lessons from Resilience Thinking[J]. Nature Hazards，2007，41（2）：283-295.

[3] CROSS J.A. Megacities and Small Towns：Different Perspectives on Hazard Vulnerability[J]. Environmental Hazards，2001，3（2）：63-80.

了减少灾害风险，可以通过重新安置人口和财产，使得它们尽可能少暴露于灾害危险中（易损性），以及提高灾害回应能力和恢复能力（耐灾性或恢复性）两种途径来实现。因此，基于这两种途径，城市安全实现机制（图 3-2）便有两种模型，一个是“压力释放”模型，另一个是“能力提升”模型。灾害背景危险度（Hazard）一般是客观的，是难以人为控制的。所以，城市空间的优化一般只能从耐灾性（Resilience）和易损性（Vulnerability）两个方面入手，根据不同的优化内涵提出相应的优化策略，最终确保城市空间的整体安全。

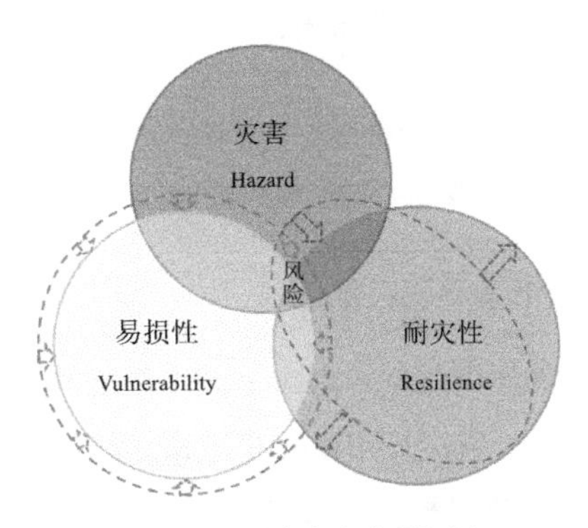

图 3–2　城市安全实现机制

3.3.2.1　“压力释放”模型

第一个模型（图 3-3）说明灾害是易损性承灾体与致灾因子相互综合作用的结果。由于改变致灾因子是困难的，所以减灾的关键是降低城市空间格局的易损性。

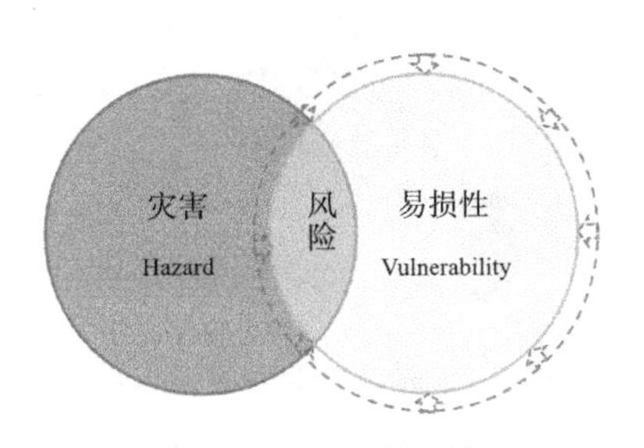

图 3–3　“压力释放”模型

3.3.2.2 "能力提升"模型

第二个模型（图 3-4）说明城市本身具有抗灾能力，承灾体同时具有应对灾害以及灾后恢复的功能。它表明要提高安全度就必须提升灾害应对能力及恢复能力，即增强城市安全要素的耐灾力。

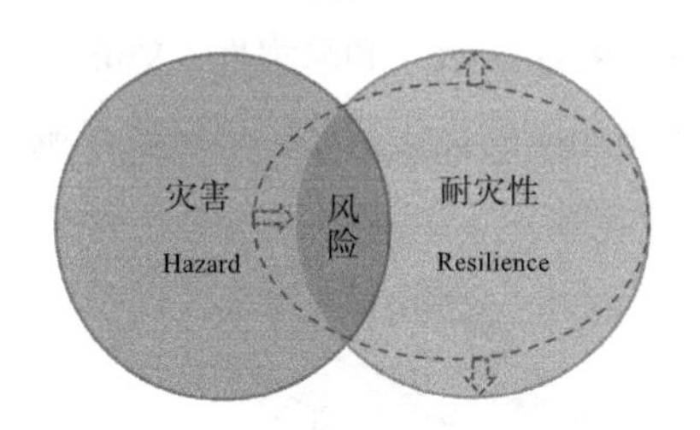

图 3-4 "能力提升"模型

3.3.3 构建安全城市基础研究框架

图 3-5 左边是灾害的作用机制，右边是城市系统的基本构成和灾害回应模式。从图最右边可以看出：安全城市由安全城市结构、安全城市环境和安全城市要素构成。图中间两个圆圈叠加表示的是城市系统在灾害中暴露的程度，即灾害风险。城市风险由城市系统的易损性（V）、耐灾力（R）和危害度（H）三个因素来决定。

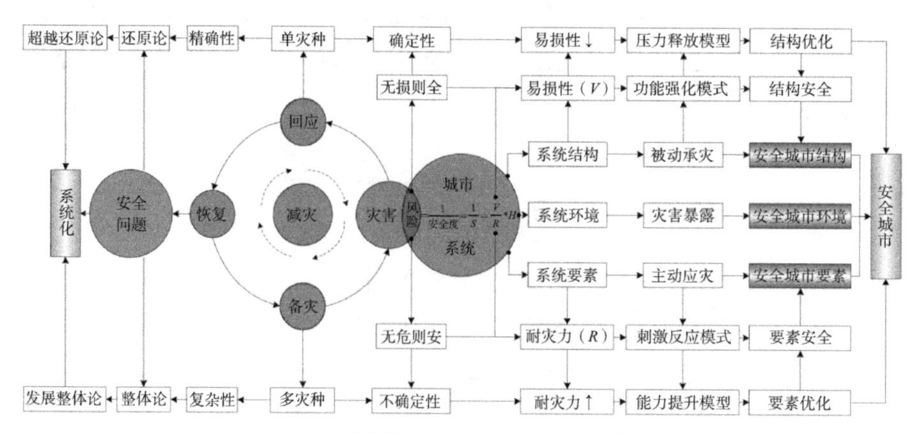

图 3-5 "安全城市"基础研究框架示意图

利用刺激反应模式实现结构安全，通过功能强化模式来实现要素安全，一般来说是指客观存在的灾害风险背景，对于特定城市来说，其灾害危害度（H）一般是一定的，需要通过易损性（V）和耐灾力（R）两方面下功夫。

第4章　安全城市空间格局理论架构

“一个好的聚居地是一个没有各种危险、毒害和疾病或者这些危害是能够得到控制的地方，同时人们对这些危险的恐惧程度也很低，这便是一个安全的物质环境。要达到这种安全的目标，要注意空气和水的污染问题，食物的污染问题，对有毒物质的管理，对疾病和传染的控制，对意外事故的预防，对暴力的防范，防洪、防水、防震，以及对受害人有相应的措施。我们可以列出许许多多这样的内容，它们的目标和物质的手段是相对比较清楚的，因为这些都是关于某些特定问题的防范。”[1]

——凯文·林奇

4.1　安全城市空间的研究范畴

马克思曾经精辟地指出“空间是一切生产和一切人类活动所需要的要素”[2]。传统的城市地理学（Urban Geography）和城市规划学（City Planning）领域的空间研究更多地以“社会人”为基本尺度，探讨不同类型人类行为和活动在区域范围内的空间投影以及形成这种状况的内在规律。[3]从城市规划的角度，完整的城市空间概念框架应包括城市空间、城市空间结构与城市空间形态。[4]吴良镛先生从人居科学的角度指出，只有人工构成部分（architecture of man）和自然构成部分（architecture of nature）两者综合在一起，包括城市的人工构成部分和自然构成部分，才形成人类的居住环境。与城市安全相关

❶（美）林奇. 城市形态 [M]. 北京：华夏出版社，2001：88.

❷ 孙施文. 城市规划哲学 [M]. 北京：中国建筑工业出版社，1997：18.

❸ 毕凌岚. 生态城市物质空间系统结构模式研究 [D]. 重庆：重庆大学，2004：75.

❹ 黄亚平. 城市空间理论与空间分析 [M]. 南京：东南大学出版社，2002.

的人居环境可以分三个层次加以讨论，建筑工程主要是人工构成的环境，区域生态主要是指自然构成的环境，城市空间是二者兼而有之，但其中的自然空间已在一定程度上经过人工改造。单体建筑的抗灾能力是城市安全的首要保证，但要依托于有利于安全的合理的城市内部空间结构关系。

城市宏观的安全位址选择要考虑与广域生态环境的关系，这是城市安全的重要基础。本书从城乡规划学科角度主要关注的是城市内部空间，建筑工程和区域生态对城市安全的影响本书不作讨论，假设其为本书研究的前提条件。

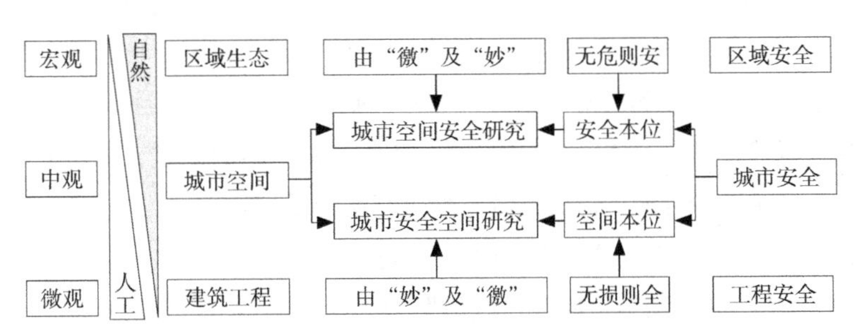

图 4-1　安全城市空间研究范畴示意图

安全城市空间研究按“安全本位”和“空间本位”可以划分为“城市空间安全研究”和“城市安全空间研究”两个方面，前者的重点是安全，空间是对城市安全功能的界定，即指城市内部空间的城市安全保障功能研究；后者的重点是空间，安全是对其状态的一种界定，即指在客观和主观上有一定安全状态的空间。这也正是老子的“无欲观法”和“有欲观法”的结合，“无欲观”（即整体论）对安全城市空间的认识由“空间”（徼）而及于“安全”（妙）；“有欲观”（即还原论）则由“安全”（妙）而及于“空间”（徼）。两欲观法互相配合，由“徼”及“妙”，又由“妙”及“徼”，互为体用、反复验证，直至完全了解安全城市空间的基本规律（图 4-1）。

4.1.1　城市空间的安全二重性

4.1.1.1　承灾与应灾的双重功能

在城市灾害的大系统中，城市空间的安全内涵具有双重的意义。一是作为承灾载体的城市空间，二是作为应灾本体的城市空间。即城市空间一方面可以作为城市灾害的承载底盘，另一方面也是城市灾害的应对构件，也就是说城市空间具体安全二重性，既是安全载体，又是安全本体。

本书将 Godschalk 提出的“耐灾城市（Resilience City）”概念作为研究的理论起点。选择的城市安全空间问题研究的学科视角是城市安全学和城乡规划学，研究对象集中在城市安全本体空间（城市安全空间要素）和城市安全载体空间（安全城市空间结构）两个层面。

风险社会背景下，城市处于不确定性的风险中，城市通过内部结构的优化调整来适应外部环境的变化。城市安全载体空间的研究，侧重对城市各子系统安全运行的内部和外部因素进行分析，强调其安全功能发挥过程中的“涌现”规律及自组织与他组织特征；城市安全本体空间的研究，侧重对城市安全功能子系统进行分析，对其系统特性进行必要的揭示。

4.1.1.2　作为“安全载体”的承灾空间

“安全城市空间结构”研究可以借鉴中医理论来理解。中医反映的是一种朴素的系统思想对疾病的认识，它的目标不是治病而是治“未病”，强调的是日常健康养生的概念。在疾病的治疗上，它更强调将人体作为系统自身能力的增强上，最终落脚到对人体气（非实体的要素）血（实体要素）的调理上。中医治疗的方法基本上是非特异性的，对疾病的严格分类不敏感。中医理论对“安全城市空间”研究的主要启发在于，城市空间安全问题研究要回归到对城市系统性和结构性的认识上来，强调城市保持安全状态的日常能力的建设，以及对城市各种安全问题的有效应对。

4.1.1.3　作为“安全本体”的应灾空间

“城市安全空间要素”研究可以借鉴西医理论的思想，类似于西医根据阶段特点分为预防医学和治疗医学，城市安全空间要素研究也分为城市平时防灾空间系统研究和城市灾时应急空间系统研究。预防医学包括对疾病产生环境的干预（如场所消毒），也包括对人的干预（如接种疫苗）；治疗医学更进一步分为外科和内科，外科主要通过手术对疾病患处直接治疗，内科则通过施用药物，对人体内部进行一定程度的干预达到治疗的目的。城市防灾和城市应急的具体对策也有类似性，包括对灾害危险、承灾体易损性和灾害事件不同对象的改变，它们采取的方法基本上都是在灾害作用机理的基础上有针对性地采取的特异性对策。

4.1.2　城市安全的空间辩证性

城市灾害的发生，是从城市产生之时就已存在的现象。远古以来的众多城市文明，在各种自然的和人为的灾害和危机的冲击下毁于一旦，而更多的城市文明则在成功应对灾害和危机的进程中不断发展和趋于成熟。

4.1.2.1　安全与危险的空间悖论

人们常说："最危险的地方往往最安全"。这个危险地方（空间）的含义有主观和客观之分。客观上的危险空间如加油站、洪水泛滥区，因为很显然加油站旁边永远是危险的，这是不可改变的绝对危险。主观上的危险空间，是对于特定环境、特定位置、特定人员、特定历史的主观体验。如人们通过相互传教以及自己的本能感受，会形成对于江边容易发生危险的恐惧，当然不同的人对江边危险的感觉是不一样的。而为什么会说这些地方最"安全"？这也主要是由于人们的防范意识与安全工事在起作用。对于经常发生危险的地方，人们会加强防范，会采取各种安全措施以防止灾害的发生，因此这种地方相对于其他同类地方要安全得多；或是正由于这地方危险，人们很少去开发和了解，因而这种地方便变成了很好的"避难所"。

这句话的含义还有多种理解。因为环境的特殊，如果对这种地方感到危险的人很多，那么由于害怕，来这儿的人很少，这种地方变得远离人烟，非常隐蔽，隐蔽就是安全的表现之一。如切尔诺贝利荒无人烟，因此那里的动物不怕被猎杀，现已兽迹四布。由于地点的特殊，危险地区的特性显而易见，这些稳定的特性可以起到一定的保护作用。如一些流氓小国看似危险，但因为其流氓的特性，便成了逃犯之乐园。所以，最危险的地方就是最安全的地方，这句话的流行，是因为它总能在适合的地方成为人们的借口，而不是因为它并不复杂的哲学逻辑或推理尝试。

相对于城市空间安全来说，"最危险的地方"主要是指人们根据历史经验主观上感觉最危险的城市空间，由于这种城市空间防范措施较好，自然灾害和人为事故灾害威胁变小，人为故意灾害的风险也变小，因此可以说这种城市空间往往“最安全”。

4.1.2.2　城市空间是“避灾之所”

城市是由于人类在集居中对防御、生产、生活等方面的要求而产生的，并随着这些要求的变化而发展。中国的汉字“城”字，用象形的篆体字，就表示了在土地上用兵器“戈”来保卫政权。中国古籍中记述“筑城以卫君，造郭以守民”，城和郭就是指保卫城市的城墙。

西方的早期城市也是如此，如芒福德所言：“从社会的观点来看，城墙突出了城里人同城外人的差别，突出了开阔的田野同完全封闭的城市二者的差别；开阔的田野会受到野兽、流寇和入侵军队的侵扰，而封闭的城市中人们则可以安全地工作和休息，即使在战祸时期也如此。加之有了城市内部的水源和丰富的谷物贮备，这种安全感可以说是绝对的了。”[1]

城市的安全功能不仅体现在战争防卫上，同时也体现在对自然灾害的防御上。城市对安全选址极为重视，“美索不达米亚城市的效能极大地增强了城市本身吸引人、滋养生命的特性，那里的城市大多建址于大型台地上，因而可以避免周期性洪水的袭击，较周围广大的农村地区处于优越的地位：伍利认为，并不是什么乌特那皮什提姆方舟，而是上古的城市，在洪水到来时充当了抵御灭顶之灾的主要工具。”[2]

4.1.2.3　城市空间是“孕灾之地”

城市在为人们提供安全保障的同时，也在生产灾难。古代城市狭小的空间中容纳了高密度的人口，产生的废弃物得不到及时、有效的处理，进一步污染饮用水，使疾病的流行成为现实。“疾病袭击一个城市，蹂躏着人口，引起巨大的痛苦与社会不安，然后人们大批死去。”[3]人们不知道它发生的原因，也不知道如何采取行动，离开城市，或许是在无数次灾难中人们获取的有限的、有价值的经验。

有些城市的军事意义很突出，因此历来都被优先选择作为军事打击的目

[1] （美）芒福德. 城市发展史：起源、演变和前景 [M]. 宋俊岭，倪文彦，译. 北京：中国建筑工业出版社，2005：72.

[2] 同[1]：102.

[3] 章友德. 城市灾害学：一种社会学的视角 [M]. 上海：上海大学出版社，2004.

标。为战争防御而强迫性集中，构筑城墙是冷兵器时代对重要城市最有效的防护方式。随着火炮等热兵器的发展，尤其是空袭在战争中被采用，城墙的军事防御功能彻底丧失，由于经济原因形成的城市集中性的空间在现代战争中成为不利的因素。同样在面对自然灾害时，这种集中也会带来更大的生命和财产损失。

科学技术带有难以避免的两重性。它在带给人类巨大的财富和现代文明的同时，也给人类带来了相应的灾害。现代城市的安全运行越来越依赖于电力、通信和网络系统，一次事故可能使整个城市陷于瘫痪。工业社会的进步往往是以重大技术灾害为代价的，现代工业社会生产的安全性得不到重视，给人口密度较大的城市居民造成极大威胁。1984 年 12 月 3 日，印度博帕文一工厂发生毒气泄漏，由于政府和公众均缺少应对危机的意识和能力，致使这起事件造成了两万人死亡、十万人终身残疾。

城市也是社会矛盾集中的地方，城市犯罪、暴动和骚乱不断地在某些城市上演。进入 21 世纪，不断发生的恐怖事件，正将城市的重要空间变成恐怖主义发泄仇恨和对现实社会不满的试验场。在国家间的大规模战争由于各种原因受到制约之后，恐怖主义对生活在城市中的人们构成新的巨大威胁。

4.1.3 安全城市空间系统研究

“安全城市空间”仅仅是从城市空间的内容角度出发，体现城市安全的外在空间形式，但对于空间的组合、层次、结构等级均难以形成整体的把握。“安全城市空间系统”的建立有助于我们理解城市安全空间的相互关系、深层影响因素，强调安全空间的整体性研究。

所谓系统，就是由一定的要素组成的具有一定层次和结构，并与环境发生关系的整体。用系统论的观点来看，现代城市就是一个复杂的巨系统——一个以人为主体，以空间利用为特点，以聚集经济效益为目标的高度集约化的地域空间系统。

安全城市空间系统则是城市这个巨系统中的一个子系统，是一种由相互作用和相互依赖的空间要素组成的，具有一定层次、结构和功能，处在一定社会环境中的复杂人工系统。不同层面上的空间意义不同，不同类型的空间防灾功能也不同，在不同条件下，针对可能发生的灾害，利用城市空间对城市起到一个整体的防护作用，需要从系统的观点来进行探讨。

建立安全城市空间系统可以主动、积极地抵御城市灾害，形成有利于安全的城市空间格局，对于城市防灾减灾具有很重要的意义。

4.2 安全城市空间格局的研究范畴

依据系统的结构、要素和环境，本书研究界定“安全城市空间格局”研究范畴为城市空间结构安全、城市空间要素安全和城市空间环境安全，分别对应安全载体、安全本体和安全环境（图 4-2）。

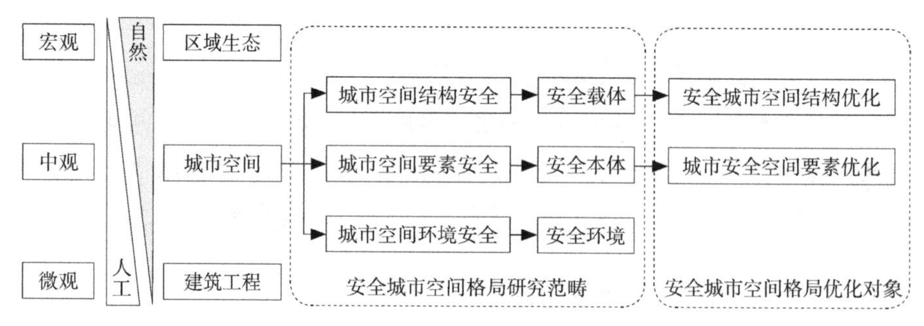

图 4-2 安全城市空间格局研究范畴示意图

一般意义上的城市空间主要指城市内部的空间，即城市中各物质实体及其所限定的可容纳的虚空。但在现实中，这个城市内部空间必然存在于一定的土地之上、被一定的空间环境（森林、农田、山丘、大气等）所包围，而这些外在环境构成了城市空间发展演变的环境背景。从系统论的角度，环境是系统运行演变的土壤和外在限制，若环境遭到破坏，则系统将难以维持既有的运行格局而会发生嬗变，形成新的系统。对于城市这个无法自我平衡的非均衡系统，更加需要环境来提供原料和消化排出物，因而城市周边的环境对于城市空间系统具有至关重要的作用。从安全的角度看，城市中发生的灾害，许多都是诞生于周边环境并影响城市自身的，比如洪水、沙尘暴，而诞生于城市中的灾害（如火灾）也常会蔓延到城市周边的环境，并反过来扩大对城市自身的影响。城市周边的环境对于城市安全的积极作用至少有两个方面：减少滋生灾害源和避免灾害扩散。因此，本书将“城市空间环境安全”也纳入安全城市空间格局研究的范畴。

基于安全的城市空间格局优化的前提是考虑多灾种对城市空间格局的影响结果具有一致性，例如地震、战争和恐怖袭击都可能对生命线系统造成破坏，从抵御灾害的角度，要考虑灾种的具体特点，对策会不一样并缺乏弹性；但从容灾的理念出发，改善生命线系统的网络结构，从规划的层面提高它的可靠度，就能够应对不同灾害，而其本身不会产生系统性破坏。这就是以少变应多变，以不变应万变。也就是说，城市空间结构和城市空间要素都是可控的，而城市空间环境往往不以人的意志为转移，是城市先天的灾害风险背景因素。城市应提升自身的应变能力以适应周边环境和应对各类灾害风险，用后天的优化来弥补先天的不足。因此，本书将“安全城市空间格局优化”的“对象”仅界定在城市空间结构（安全载体）和城市空间要素（安全本体）两个方面，即“安全城市空间结构优化研究”和“城市安全空间要素优化研究”。

4.3　安全城市空间格局的基本概念

“安全城市空间格局”是安全城市空间系统的外在表现形式。安全城市空间格局指基于城市整体安全价值观导向构建的城市空间格局。是城市空间格局在安全思想下的优化，也是城市安全一系列目标状态描述中的空间格局部分，即城市安全实现状态下的城市空间格局。对安全城市空间格局的概念界定基于前文对城市安全和城市空间格局的界定而展开。前文界定城市安全为狭义的安全概念，指对城市安全平稳发展的重大制约性因素实现良好调控，同时具有较强的应灾能力的状态。本书研究的安全城市空间格局是指城市物质空间要素应对不同的灾害和突发事件所形成的组织方式以及背后隐含着的安全功能需求所决定的空间布局特征。因而安全城市空间格局指“为了保护城市安全平稳发展过程的重大制约性因素以及提高应灾能力而优化的城市空间因子的位置布局及相互关系”（状态、准则、目标），即基于城市安全原则进行优化的城市空间格局。英文名可称为Safer Urban Spatial Pattern，简称SUSP。

较为显性的城市空间格局有其深层次的影响因素和发展规律，从安全的视角看，安全城市空间格局可以理解为城市功能组织方式和空间发展在安全功能需求影响下所表现出的空间形式，是城市为了保持稳定状态和抵御灾害风险而形成的空间形式，是城市的人类防灾减灾活动与城市安全功能组织在空间上的投影，表现了城市各种防灾资源要素在空间范围内的分布特征和组合关系。构建安全的城市空间结构，对于城市预防灾害、承受灾害的能力和城市受灾后的复建、更新活动都有着极大的影响。

4.4 安全城市空间格局的基本特性

虽然对各种灾害的预测技术在不断提高，但城市灾害的发生不可能根本杜绝；而随着城市的复杂程度日益提高，一些人为致灾事件更是防不胜防。因此，在尽量预防灾害发生的同时，也要提高城市空间格局对于灾害的耐灾性，从城市灾害防救的角度对城市空间格局进行系统的规划和安排。

Godschalk归纳的耐灾系统的特点，也适合作为城市空间格局的基本特性。针对物质空间的特点，以下几方面的特性更显重要：

冗余性，主要强调同种功能的重复设置；

多样性，满足同种功能途径的多样化，提供选择的弹性；

依赖性，强调构成要素的系统化，发挥整体作用的优势；

功能性，强调承灾体抵抗灾害和袭击的能力。

我们可以从两个方面考虑增强安全城市空间格局的基本特性：

其一，从整体的角度，城市的整体空间格局是城市多目标功能实现的基础，对城市耐灾性的提高具有重要意义。

其二，从局部的角度，要尽可能提升城市应灾要素的抗灾能力，同时也要保证城市重要目标的安全，这样城市的基本功能在灾害发生时可以得到保证。

4.5　城市空间格局的安全优化模型

地区防灾规划和灾害对策是依据最坏的预测结果制定的[1]，因此灾害风险评估在一定程度上直接影响到城市空间格局的优化方式。而这种风险评估从某种意义上可以说是对城市空间格局安全度的评估。参考联合国国际减灾策略委员会（ISDR）提出的灾害的风险评价函数，安全度与风险度为相反关系，由此可以推出城市空间格局的安全度（Safety of Urban Spatial Pattern，简称SUSP）是由灾害危险度（Hazard，H）、载体空间易损性（Vulnerability，V）以及本体空间耐灾力（Resilience，R）三者交互影响而成，函数式如下：

$$\mathrm{SUSP}=func.\,(H,\ R/V) \tag{4-1}$$

式中　SUSP——城市安全度（Safety）；

H——危险因子（Hazard）；

V——易损因子（Vulnerability）；

R——耐灾因子（Resilience）。

因为本书的研究对象是城市空间格局，所以用耐灾力（Resilience）一词更能表达城市空间的物质承受能力与恢复弹性。公式中的三个影响因子正好与前文中的城市安全实现机制（图 3-4）相对应，“压力释放”模型和“能力提升”模型在这里可以通过函数关系表达。从式 4-1 可以看出城市空间格局安全度可随易损性的减小而提升，也会随着耐灾力的增加使安全度增加，而灾害背景危险度一般是客观的，是难以人为控制的。所以，城市空间的优化一般只能从耐灾力和易损性两个方面入手，根据不同的优化内涵提出相应的优化策略，最终确保城市空间的整体安全。

[1] 滕五晓，加滕孝明，小出治. 日本灾害对策体制 [M]. 北京：中国建筑工业出版社，2003：72.

4.6 城市空间格局的安全优化目标

城市空间格局的优化是特定时期人们根据自己对城市的认识，对城市空间格局加以改变或择其优良，以实现人们所希望的理想目标。目标不同，所采取的行动也不一样。回顾城市发展的历史，历史上城市空间格局的优化目标大致可以分为四种类型：视觉效益优先、环境效益优先、经济效益优先、社会效益优先。

优化主要涉及两个方面的问题：一是优化的标准，即价值取向，它是伦理性、哲学性的；二是在这种价值取向下所采取的优化方式，它是技术性的[1]。鉴于本书是从安全的角度讨论城市空间格局的调控，调控目标是倾向社会效益优先的，在具体优化方式选择时关注多目标的实现，如经济效益问题。这就涉及在具体优化过程中要考虑安全性与经济性平衡的问题。

因为我们要认识到，实现城市安全的防灾投入是有一定限度的。在保证城市基本安全的前提下，要考虑防灾资源的最优化配置，既要有一定冗余，也要避免不必要的浪费。因此，"优化"的标准在本书有两层含义：一方面要满足城市安全服务需求方的"安全性"要求；另一方面要满足城市安全服务供给方的"经济性"要求。

4.7 城市空间格局安全优化理论框架

本书由"城市"聚焦到"城市空间"，从安全本位和空间本位两个方面明确了安全城市空间研究的范畴；依托系统论，并结合影响城市空间格局的安全度的灾害背景危险度（H）、载体空间易损性（V）以及本体空间耐灾力（R）三个因子，构建了城市空间格局安全优化理论（图 4-3）。

安全城市空间格局分析框架的构建，目的在于如何从安全的角度将城市空间格局进行拆分解析，找到与安全有关的空间安全因子，并找出因子之间

[1] 江曼琦. 城市空间结构优化的经济分析 [M]. 北京：人民出版社，2001.

的内在相互关系和内涵，将大问题分解成小问题，找出存在的问题主要在哪里，从而为进一步寻找安全城市空间格局的实现途径奠定基础。

一个典型系统应该包括结构、要素和环境三个基本方面。从系统论的角度考察城市空间系统，也包括了空间结构、空间要素和空间环境三个方面。因此，安全的城市空间格局的构建应包括三个方面的基本准则：城市空间结构的安全、城市空间要素的安全和城市空间环境的安全。每一项基本准则对应着不同的考察领域，每一类考察领域分别对应着几项安全空间因子，以此形成安全城市空间格局的分析框架（表 4-1）。

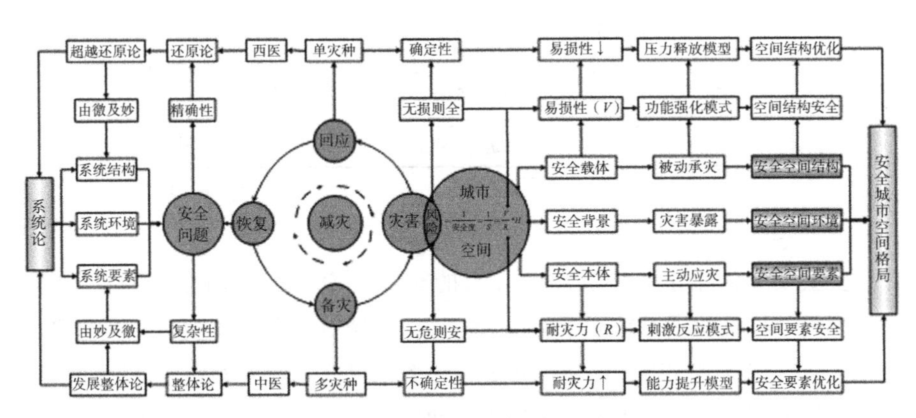

图 4-3　城市空间格局安全优化理论框架

安全城市空间格局的分析框架　　表 4-1

总体目标	基本准则	考察领域	安全空间因子	研究对象	综合因子
城市空间格局安全	空间结构安全	布局结构	路网结构	安全城市空间结构（安全载体）	易损因子（V）↓
			用地布局		
			危险区位		
		压力结构	建设强度		
			建筑密度		
			建筑高度		
		数量结构	人均用地		
			用地比例		

续表

总体目标	基本准则	考察领域	安全空间因子	研究对象	综合因子
城市空间格局安全	空间要素安全	防御要素	弹性空间	城市安全空间要素（安全本体）	耐灾因子（*R*）↑
			防护隔离		
			基础设施		
		应急要素	应急避难		
			应急通道		
			应急设施		
	空间环境安全	孕灾环境	生态环境	城市空间风险背景（安全环境）	风险因子（*H*）
			用地条件		
		灾害背景	灾害风险		
			空间风险		

4.7.1 空间结构安全

安全城市空间结构是城市被动承灾的安全载体空间，属于易损因子（*V*）。城市空间结构反映了系统元素的组合关系，从城市安全的角度，二维空间的分布关系、三维空间背后的密度强度对比关系以及各元素的数量对比关系是比较关键的影响因素，因而界定城市空间结构包括布局结构、压力结构、数量结构三个考察领域。

1. 布局结构

布局结构反映了城市空间结构的二维分布状况。从城市安全的角度，选定路网结构要素、用地布局要素和危险区位要素作为重点考察对象。

（1）路网结构：路网结构结合自然（路网的选择宜结合地形地貌以及自然生态环境，以保证城市骨架的安全）。

（2）用地布局：基本功能布局合理（城市基本的居住和工业布局必须考虑主导风向、水流方向以及相互之间的干扰）。

（3）危险区位：危险点源区位安全（城市内部的一些人工危险如化工厂、油库以及易爆仓库等危险点源的区位选址应充分考虑对城市的威胁；城市内部的自然危险如泄洪通道、洪水淹没区、地震断裂带、地质松软区等宜尽量避开）。

2. 压力结构

压力结构反映了城市空间结构的三维分布状况。从城市安全的角度，选定建设强度、建筑密度和建筑高度作为重点考察对象。

（1）建设强度：建设强度合理设限（建设开发强度不宜过高，宜与城市应急救援资源相匹配，特别是要考虑城市不同用地的安全容量）。

（2）建筑密度：呼吸疏散留足空间（建筑密度也不宜过高，要保证城市有足够的可呼吸空间，同样也需要注意不同用地的疏散空地要求）。

（3）建筑高度：高层建筑合理分布（主要是控制高层建筑的数量与布局，高层过于密集会导致地面沉降，疏散压力加大，影响日照通风）。

3. 数量结构

数量结构反映了城市空间结构的抽象比重关系。从城市安全的角度，选定用地比例和人均用地作为重点考察对象。

（1）人均用地：安全容量合理配置（人均用地间接反映了人口密度风险，城市用地规模要考虑城市现状水平以及资源环境容量）。

（2）用地比例：用地比例平衡搭配（不同用地配比如果失衡，会导致城市运行的不稳定，因此应严格参照国家标准配置各类用地）。

4.7.2　空间要素安全

城市安全空间要素是城市主动应灾的安全本体空间，属于耐灾因子（R）。要素是构成系统的关键性元素。笔者从城市安全的角度，选取与安全功能直接相关的重要空间元素，从防御要素和应急要素两个方面，分别考察其要素布局的情况。

1. 防御要素

灾害防御要素是指用来进行灾害防护或对灾害的发生能够直接、间接起到防御作用的空间。防御要素包括弹性空间、防护隔离和基础设施三类因子。

（1）弹性空间：弹性空间积极发扬（弹性空间主要是指能够起到滞灾应灾和自我生态修复作用的城市森林、绿地、水域等空间）。

（2）防护隔离：防护隔离虚实成网（实分隔：防火建筑、城墙、防洪堤等防灾工事；虚分隔：绿化、道路、水体等开敞空间）。

（3）基础设施：基础设施高标设防（生命线系统：供水、供电、医疗、交通、通信等保证灾时基本运转的最必要设施系统，要高标准设防）。

2. 应急要素

灾害应急要素是指在灾害发生时用于进行灾害救援的各类重要设施和空间。灾害应急要素包括应急避难、应急通道和应急设施三类因子。

（1）应急避难：避难空间均衡分散（把居民从危险区紧急撤离、集结到预定的比较安全的场所，均衡分散有利于紧急临时就近疏散）。

（2）应急通道：应急交通内外通畅（城市内部防救灾通道系统要求留有足够的宽度以保证灾时的通畅，对外联系要有备选通道）。

（3）应急设施：应急设施冗余共享（保证消防、医疗、安保、指标等设施合理布局和均衡共享，并保证一定的冗余以备不测）。

4.7.3 空间环境安全

城市空间风险背景是城市灾害暴露的安全环境背景，属于风险因子（H）。构建安全城市空间格局，需要城市空间的先天灾害背景风险较小，同时城市空间的孕灾环境也是尽量避免灾害发生的。因此，本书选择孕灾环境和灾害风险两个方面来考察城市空间环境的安全。

1. 孕灾环境

孕灾环境是指诱使灾害发生或扩大的城市环境因素。孕灾环境包括生态环境和用地条件两类因子。

（1）生态环境：生态环境连续稳定（对生态景观的改造、隔断、包围等会造成景观破碎，防灾性能减小，需要保证两边环境连续稳定）。

（2）用地条件：用地条件总体适宜（选择地形、地貌、潜在地质灾害、地耐力、地震分布、防洪、地下水等用地条件总体适宜的区域进行建设）。

2. 灾害背景

灾害背景是指城市客观面对的各种影响到整个城市功能正常发挥的重大潜在灾害风险因素。灾害风险包括灾害强度和空间风险两类因子。

（1）灾害强度：灾害强度频度较小（灾害强度是对潜在灾害发生及其可能对生命、财产、生活和环境造成的潜在冲击与损害的程度）。

（2）空间风险：空间风险整体偏低（灾害作用于特定城市空间将会产生的影响大小，多种灾害作用于同一城市体现的是综合空间风险）。

第5章　城市空间格局安全评价方法

前文主要是从概念内涵方面进行一般化的理论研究，但是从一般化的理论到指导具体实践还有很长的路要走。安全城市空间格局理论在面对具体的城市和城市发展建设实践时，有两步是比较关键的：其一是评价对象城市空间格局的安全水平，其二是基于评价结果构建安全城市空间格局（或提出优化措施）。前者是认识对象的过程，后者是改造对象的过程。

本章的主要内容是安全城市空间格局的评价体系研究，即将安全城市空间格局的一般理论与具体的可观测的城市发展建设实践活动相联系，从中寻找一系列关键阈值[1]，并将之系统化为可观测的指标体系。通过对这些关键阈值的考察，可以对安全城市空间格局的状态给出一个全貌的了解。

5.1　城市空间格局安全综合评价方法

5.1.1　总体评价思路

城市空间格局安全体系构成了一个开放复杂大系统，应采用系统工程的研究方式进行深入分析，将这一复杂问题细化得相对简单。城市空间格局安全评价指标体系的研究是定性与定量分析相结合的。

[1] 阈值跟英文 threshold value 对应。阈值又叫临界值，是指一个效应能够产生的最低值或最高值。此一名词广泛用于各方面，包括建筑学、生物学、飞行、化学、电信、电学、心理学等，如生态阈值。一个领域或一个系统的界限称为阈，其数值称为阈值。在各门科学领域中均有阈值。如数学中 $y=f(x)$ 函数关系，自变量 x 值必须在函数的定义域内，因变量 y 才能有确定的值。这个函数的定义域就是 x 的阈值。人为主观地制定一个决策往往是不合理的，随意确定一个决策值亦往往不能求得最优值。因此，计算时要对独立变量取值范围赋予一定的数学限制，所有满足这些限制（阈值）的点构成最优化问题的可行域。

一般的评价研究需要经历四个步骤：总体目标的确立、一系列关键阈值的发现、指标数据的检验与优劣标准确立、一般评价分析过程设计。

其中，总体目标的确立是根基，决定了评价体系的方向；一系列关键阈值的发现是核心内容，构成了评价体系的主体内容，也在很大程度上决定了评价体系是否科学和有效；指标数据的检验与优劣标准确立，是将一系列关键阈值量化并检验的过程，主要来自针对现实对象的大量经验研究和实证研究，是一个严谨的评价体系的必要组成部分；一般评价分析过程设计则是实施该评价体系的过程和方法设计。笔者通过构建多层次的综合指标体系，达到对城市安全格局的全貌考察和模拟。

5.1.2 模糊综合评价

模糊综合评价法是一种基于模糊数学的综合评标方法。该综合评价法根据模糊数学的隶属度理论把定性评价转化为定量评价，即用模糊数学对受到多种因素制约的事物或对象作出一个总体的评价。它具有结果清晰、系统性强的特点，能较好地解决模糊的、难以量化的问题，比如方案评价、重要项目的影响因素筛选等，适合各种非确定性问题的解决，对于多层次、多因素的复杂问题评判效果较好。

在根据城市本身特点建立符合实际的城市空间格局等级分类的前提下，本书综合考虑空间结构、空间要素、空间环境等多方面因素，建立城市空间格局安全评价的多层评价指标体系，运用层次分析法计算底层评价指标对城市空间格局分类的影响权重；引入模糊数学概念，建立多位专家依据单因素对城市空间格局进行分类的评价方法，构建模糊判断矩阵；运用模糊综合评判方法来实现对城市空间格局的安全等级贴近程度计算，从而求出待估对象的安全度分值大小。

5.1.3 单项指标评价

本书定量评价研究的主要内容是：基于前文对安全城市空间格局的内涵分析和特征总结，发现能够反映安全城市空间格局全貌的一系列的关键阈值，并对之进行定性分析，提出一般化的计算公式，从而构建安全城市空间格局的评价指标体系[1]。一系列关键阈值的发现，就是基于统一的、明确目标的基础上，对对象的客观状况进行模拟，从中发现影响全局的一系列的关键性因子，这些关键性因子的集合应能够反映对象的全貌。进一步分析这些关键性因子与总体目标之间的相关关系，并将之进行具体化和量化处理，便形成一系列指标，这些指标的系统就构成了评价体系的主体内容。

5.2 城市空间格局安全综合评价体系构建

5.2.1 城市空间格局安全评价体系构建原则

科学地设置城市空间格局安全评价体系（Urban Spatial Pattern Safety Assessment，简称 USPSA）是关系到城市空间格局安全评价成功与否的关键。科学的城市空间格局安全评价因子要准确地评价城市空间格局安全的基本状况。对城市空间格局安全进行评价的最终目的，是为了找出城市安全规划中的问题，以便优化城市空间格局。分析过程中本书遵守下面七个基本原则。

1. 科学性

指标的设计应该科学，指标的选取应该符合区域整体发展需要。USPSA 既是一个理论上探讨的问题，同时也是实践中的问题，USPSA 指标的定义、计算方法等不能离开 USPSA 及其相关概念的基本理论，每一个指标的名称、定义、解释、计算方法、分类等都要讲究科学性、真实性、规范性。

2. 全面性

USPSA 是一个涵盖范围甚广的概念，在指定指标体系的同时也要充分考虑到不同 USPSA 类型之间的差异和 USPSA 不同子系统之间的联系，既要有反映不同 USPSA 差异的指标，也要有反映子系统联系的指标，保持指标体系之间的完整性和全面性。

[1] 由于能力、时间及可获得数据的局限，本书的分析以定性分析为主，主要解决一系列关键阈值的发现的工作，对于关键阈值的优劣程度进行了量化思考，并提出一般计算公式，这些工作是构建科学评价体系的第一步，也是非常关键的一步。但是本书没有对该指标体系进行实证性的数据检验，也没有确立理想化标准，即没有实现该指标体系的完全量化和标准化，因而应用该指标体系时暂时只能进行定性的分析。对该指标体系的完全量化将是后续研究需要进行的重要工作。

3. 实用性

指标选取应该兼顾全面性和数据易得性两方面因素，指标应该能够被使用。

4. 层次性

USPSA 是一个包含几个层次的复杂系统，它可以分解成为若干个小系统，指标体系应该包含自上而下的各个层次。

5. 稳定性和动态性相结合

既要有反映目前的指标，也要有反映变化的动态指标。但是指标体系应该在一定的时间内保持一种相对稳定的状态，以便于衡量一定时期内 USPSA 的发展状况。

6. 可操作性

主要从数据可得性分析，考虑到指标的可取性、可比性、可测性、可控性。指标不是选取得越多越好，要考虑到指标的量化以及数据取得的难易程度和可靠性。做到评价指标及设计方法易于掌握，所需数据易于统计，并尽可能利用现存的各种统计数据，选择主要的、基本的、有代表性的综合指标作为量化的计算指标。

7. 定性与定量相结合原则

任何事物都具有质的规定性和量的规定性，但对于一些在目前认识水平下难以量化且意义重大的目标，可以用定性指标来描述。

5.2.2　城市空间格局安全评价体系层次构成

笔者界定安全城市空间格局的评价体系由四个层次构成，即目标层、准则层、领域层和因子层（表 5-1）。

城市空间格局安全评价体系　　　　**表** 5-1

目标层（A）	准则层（B）	领域层（C）	因子层（D）	研究对象	综合因子
城市空间格局安全	空间结构安全	布局结构	路网结构	安全城市空间结构（安全载体空间）	易损因子（V）↓
			用地布局		
			危险区位		

续表

<table>
<tr><th>目标层（A）</th><th>准则层（B）</th><th>领域层（C）</th><th>因子层（D）</th><th>研究对象</th><th>综合因子</th></tr>
<tr><td rowspan="15">城市空间格局安全</td><td rowspan="5">空间结构安全</td><td rowspan="3">压力结构</td><td>建设强度</td><td rowspan="5">安全城市空间结构（安全载体空间）</td><td rowspan="5">易损因子（V）↓</td></tr>
<tr><td>建筑密度</td></tr>
<tr><td>建筑高度</td></tr>
<tr><td rowspan="2">数量结构</td><td>人均用地</td></tr>
<tr><td>用地比例</td></tr>
<tr><td rowspan="6">空间要素安全</td><td rowspan="3">防御要素</td><td>弹性空间</td><td rowspan="6">城市安全空间要素（安全本体空间）</td><td rowspan="6">耐灾因子（R）↑</td></tr>
<tr><td>防护隔离</td></tr>
<tr><td>基础设施</td></tr>
<tr><td rowspan="3">应急要素</td><td>应急避难</td></tr>
<tr><td>应急通道</td></tr>
<tr><td>应急设施</td></tr>
<tr><td rowspan="4">空间环境安全</td><td rowspan="2">孕灾环境</td><td>生态环境</td><td rowspan="4">城市空间风险背景（安全环境背景）</td><td rowspan="4">风险因子（H）</td></tr>
<tr><td>用地条件</td></tr>
<tr><td rowspan="2">灾害背景</td><td>灾害风险</td></tr>
<tr><td>空间风险</td></tr>
</table>

5.2.2.1　目标层（A）

指总体的目标界定，是构建整个评价体系的总的方向和领域的界定，所有的准则、领域、因子和指标，都是为了实现这一目标层而构建的。本书的总体目标，就是评判对象城市空间格局的安全状况。目标的核心是对城市空间格局的考察，安全是对这种空间格局的限定。即这种空间格局是达到城市安全时，在空间层面的解决方案；同时，也是实现安全的城市空间格局的抽象化总结。评价体系的构建，目的在于评价对象城市目前的空间格局在安全的指标中处在什么状态，存在的问题主要在哪里，从而为进一步寻找安全城市空间格局的实现途径奠定基础。

5.2.2.2　准则层（B）

指目标层确定后，将总体目标的基本类型进行分类，形成要实现该目标的基本准则，作为评价体系的准则层内容。本书从系统论的角度，界定安全城市空间格局包括空间结构安全、空间要素安全、空间环境安全三个基本准则，分别对应了一个典型系统的结构、要素和环境三个基本方面。但是这三个基本准则，还无法形成直接可观测的指标对象，因而还需要通过领域层和指标层的界定，来进一步地具体化和可度量化。

5.2.2.3　领域层（C）

当反映总体目标基本特性的准则层与具体的物质对象相结合时，需要进一步地具体化为有明确指向的领域或因子。当总体目标较简单时，可以由准则层直接进入可观测的指标层；但若总体目标比较复杂时，常常在准则层与指标层之间构建领域层，以界定反映准则的各考察领域和考察因子的属性类别，其基本目的是为了评价体系的系统化和条理化。本书的总体目标“安全城市空间格局”需要综合考察城市中安全和空间多方面的因素及其复杂关系，因而在准则层下构建领域层。

城市空间结构反映了系统元素的组合关系，从城市安全的角度，二维空间的分布关系、三维空间背后的密度强度对比关系以及各元素的数量对比关系是比较关键的影响因素，因而界定城市空间结构包括布局结构、压力结构、数量结构三个考察领域。要素的概念就在于其是对某一主题非常重要的元素，本书从城市安全的角度，选择城市空间要素，包括防御要素和应急要素两类。城市空间环境安全主要指孕灾环境和灾害背景两个方面。

5.2.2.4　因子层（D）

因子层是领域层界定的领域具体化为可观测的对象指标的系列化成果。本书选定了一系列因子。由于涉及因素的复杂性，本书确定的路网结构、用地布局、危险区位、建设强度、建筑密度、建筑高度、人均用地、用地比例、弹性空间、防护隔离、基础设施、应急避难、应急通道、应急设施、生态环境、用地条件、灾害风险和空间风险 18 项因子指标依然具有一定的综合性。

5.3　城市空间格局安全模糊综合评价方法

为了对城市空间格局安全进行较为客观的定性评价，将一种新的集成评价方法运用到评价中，Delphi-AHP-FCE 综合集成法是根据改进的 Delphi（德尔菲法）、Analytic Hierarchy Process（层次分析法，简称 AHP 法）、Fuzzy Comprehensive Evaluating（模糊综合计算法，简称 FCE 法）的各自特点分别用于相应评价步骤的一种综合集成方法。

5.3.1 确定综合评价层次模型

结合前文的评价层次体系绘制城市空间格局安全模糊综合评价层次模型图（图 5-1）。从而确定评价因子集：包括目标层（A），准则层（B），领域层（C），因子层（D），即评价对象的因素集合 $A=\{B_1, B_2, B_3\}$，$B_1=\{C_1, C_2, C_3\}$，$C_1=\{D_1, D_2, D_3\}$，A 为目标层，即城市空间格局安全，B 为影响 A 的准则层，C 为影响 B 的领域层，D 为影响 C 的因子层。

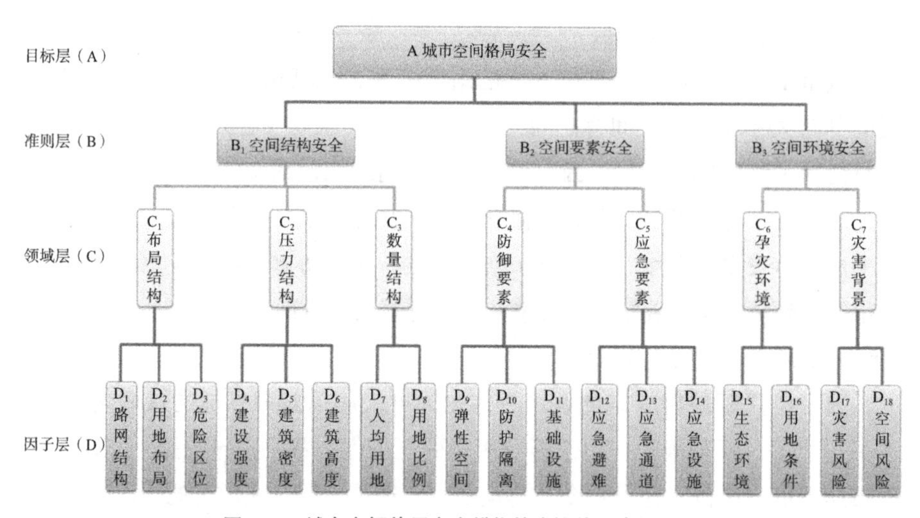

图 5–1 城市空间格局安全模糊综合评价层次模型图

5.3.2 确定安全水平等级论域

评价以定性分析为主，针对各项因子的实际情况进行分析，评价其反映的城市空间格局安全水平，确定综合评价安全等级论域，用“很差、较差、一般、较好、很好”五个等级表示。

城市空间格局安全水平综合评分按五个档次予以评估测定（表 5-2）。

城市空间格局安全评定等级类别划分标准分值表　　表 5-2

城市空间格局安全水平综合分值	类别等级
$0 \leqslant S < 2$	很差
$2 \leqslant S < 4$	较差
$4 \leqslant S < 6$	一般
$6 \leqslant S < 8$	较好
$8 \leqslant S \leqslant 10$	很好

5.3.3　运用 Delphi-AHP 法确定权重

运用 Delphi 法征求专家意见，由专家对层次模型的各层组成元素进行两两比较，得到判断矩阵。

运用 AHP 法求出其权重系数，并进行一致性检验。AHP 法将决策者的经验判断给予量化，在目标（因素）结构复杂且缺乏必要数据的情况下更为实用。层次分析法的基本思想是根据问题的性质和要求达到的目标，将问题按层次分析成各个组成因素，通过两两比较的方式确定诸因素之间的相对重要性（权重）、下一层次的重要性，即同时考虑本层次和上一层次的权重因子，这样一层层计算下去，直至最后一层。比较最后一层各个因素相对于高层的相对重要性权重值，进行排序、决策。

5.3.3.1　确定 B 层因子的相对权重

针对图 5-1 中所确定的评价体系，计算 B 层因子相对权重。运用 Delphi 法对相关领域的专家发放问卷，进行比较评定，计算步骤如下。

（1）根据标度表（表 5-3），针对上一层次目标 A 对 B 层因子进行比较，得到判断矩阵 $A=(a_{ij})_{3\times3}$，计算因子 B_i（i=1，2，3）对目标 A 的权重 ω_i：

$$\omega_i = \frac{\sqrt[3]{\sum_{j=1}^{3} a_{ij}}}{\sum_{i=1}^{3}\sqrt[3]{\sum_{j=1}^{3} a_{ij}}},\ i=1,\ 2,\ 3 \qquad (5\text{-}1)$$

因素比较标度表　　表 5-3

标度 a_{ij}	含义
1	因素 i 与 j 同等重要
3	因素 i 比 j 略微重要
5	因素 i 比 j 较为重要
7	因素 i 比 j 非常重要
9	因素 i 比 j 绝对重要
2，4，6，8	因素 i, j 重要程度之比介于相邻等级之间
1，1/2，…，1/9	因素 i, j 重要程度之比与上相反

资料来源：谷盛源 . 运筹学 [M]. 重庆：重庆大学出版社，2001.

（2）计算判断矩阵最大特征值：

$$\lambda_{\max}=\sum_{i=1}^{3}\frac{\sum_{j=1}^{3}a_{ij}\omega_j}{3\omega_i} \tag{5-2}$$

（3）检验判断矩阵一致性，首先计算矩阵一致性指标 $C.I.$：

$$C.I.=\frac{\lambda_{\max}-n}{n-1} \tag{5-3}$$

AHP 法的主要优点是将决策者的定性思维过程定量化，但在模型化过程中必须保持判断思维的一致性。在判断矩阵 A 上，即要求各元素 a_{ij} 应满足：对任意 $1\leqslant k\leqslant n$，有 $a_{ij}=a_{ik}/a_{jk}$。这是对应判断矩阵最大特征值的特征向量为因素权重的前提条件。为了度量不同阶判断矩阵是否具有满意的一致性，引入平均随机一致性指标 $R.I.$ 值。查找平均随机一致性指标 $R.I.$，当判断矩阵的随机一致性比例 $C.R.=C.I./R.I.<0.10$ 时，认为判断矩阵有满意的一致性，否则需要调整判断矩阵。

当各因子对目标的权重满足一致性要求时，权向量 $w=(w_1, w_2, w_3)^T$

表示 B 层因子相对于目标 A 的权重。对各专家施以不同权重，利用各专家判断矩阵加权几何平均法计算出最终权重（表 5-4）。

城市空间格局安全的相对重要性评估表　　表 5-4

城市空间格局安全	空间结构安全	空间要素安全	空间环境安全	权重 w_i
空间结构安全	1.0000	0.4001	0.5000	0.1814
空间要素安全	2.4997	1.0000	1.3395	0.4641
空间环境安全	2.0000	0.7465	1.0000	0.3545

说明：判断矩阵一致性比例为 0.0005；对总目标的权重为 1.0000。

5.3.3.2　确定 C 层因子的相对权重

B 层因子权重确定后，进一步计算下一层因子的重要性关系，即建立 C_1、C_2、C_3 对 B_1 的判断矩阵，C_4 和 C_5 对 B_2 的判断矩阵，C_6 和 C_7 对 B_3 的判断矩阵，据此计算 C 层各因子相对 B 层因子的权重（表 5-5 ~ 表 5-7）。

空间结构安全的相对重要性评估表　　表 5-5

空间结构安全	布局结构	压力结构	数量结构	权重 w_i
布局结构	1.0000	3.5143	3.9732	0.6394
压力结构	0.2846	1.0000	2.4997	0.2370
数量结构	0.2517	0.4001	1.0000	0.1235

说明：判断矩阵一致性比例为 0.0676；对总目标的权重为 0.1814。

空间要素安全的相对重要性评估表　　表 5-6

空间要素安全	防御要素	应急要素	权重 w_i
防御要素	1.0000	0.3021	0.2320
应急要素	3.3105	1.0000	0.7680

说明：判断矩阵一致性比例为 0.0000；对总目标的权重为 0.4641。

空间环境安全的相对重要性评估表　　表 5-7

空间环境安全	孕灾环境	灾害背景	权重 w_i
孕灾环境	1.0000	0.3021	0.2320
灾害背景	3.3105	1.0000	0.7680

说明：判断矩阵一致性比例为 0.0000；对总目标的权重为 0.3545。

5.3.3.3　确定 D 层因子的相对权重

C 层因子权重确定后，进一步计算下一层因子的重要性关系，即建立 D_1、D_2、D_3 对 C_1 的判断矩阵，D_4、D_5、D_6 对 C_2 的判断矩阵，D_7 和 D_8 对 C_3 的判断矩阵，D_9、D_{10}、D_{11} 对 C_4 的判断矩阵，D_{12}、D_{13}、D_{14} 对 C_5 的判断矩阵、D_{15} 和 D_{16} 对 C_6 的判断矩阵，D_{17} 和 D_{18} 对 C_7 的判断矩阵，据此计算 D 层各因子相对 C 层因子的权重（表 5-8 ~ 表 5-14）。

布局结构的相对重要性评估表　　表 5-8

布局结构	路网结构	危险区位	用地布局	权重 w_i
路网结构	1.0000	0.5000	0.5000	0.1958
危险区位	2.0000	1.0000	0.5000	0.3108
用地布局	2.0000	2.0000	1.0000	0.4934

说明：判断矩阵一致性比例为 0.0516；对总目标的权重为 0.1160。

压力结构的相对重要性评估表　　表 5-9

压力结构	建筑密度	建筑高度	建设强度	权重 w_i
建筑密度	1.0000	3.5143	0.4166	0.3090
建筑高度	0.2846	1.0000	0.2500	0.1127
建设强度	2.4003	4.0000	1.0000	0.5783

说明：判断矩阵一致性比例为 0.0598；对总目标的权重为 0.0430。

数量结构的相对重要性评估表　　表 5-10

数量结构	用地比例	人均用地	权重 w_i
用地比例	1.0000	0.3333	0.2500
人均用地	3.0000	1.0000	0.7500

说明：判断矩阵一致性比例为 0.0000；对总目标的权重为 0.0224。

防御要素的相对重要性评估表　　表 5-11

防御要素	防护隔离	弹性空间	基础设施	权重 w_i
防护隔离	1.0000	2.4997	0.4001	0.2893
弹性空间	0.4001	1.0000	0.3415	0.1490
基础设施	2.4997	2.9282	1.0000	0.5617

说明：判断矩阵一致性比例为 0.0617；对总目标的权重为 0.1077。

应急要素的相对重要性评估表　　表 5-12

应急要素	应急通道	应急避难	应急设施	权重 w_i
应急通道	1.0000	0.4001	0.4001	0.1659
应急避难	2.4997	1.0000	0.7320	0.3738
应急设施	2.4997	1.3660	1.0000	0.4602

说明：判断矩阵一致性比例为 0.0104；对总目标的权重为 0.3564。

孕灾环境的相对重要性评估表　　表 5.13

孕灾环境	用地条件	生态环境	权重 w_i
用地条件	1.0000	3.5143	0.7785
生态环境	0.2846	1.0000	0.2215

说明：判断矩阵一致性比例为 0.0000；对总目标的权重为 0.0822。

灾害背景的相对重要性评估表　　表 5-14

灾害背景	灾害风险	空间风险	权重 w_i
灾害风险	1.0000	3.4146	0.7735
空间风险	0.2929	1.0000	0.2265

说明：判断矩阵一致性比例为 0.0000；对总目标的权重为 0.2723。

5.3.3.4　计算 D 层因子的综合权重

根据以上步骤结果，设 D 层因子相对于因子 B_j 的权重为：$D_{11}, \cdots, D_{ij}$（j=1，2，3，当 D_i 与 B_j 无关系时，取 D_{ij}=0），w=（w_1，w_2，w_3）^{T} 为 D 层因子相对于目标 A 的权重，则依据式（5-4）计算 D_i 相对目标 A 的综合权重：

$$\beta_i = \sum_{j=1}^{3} \omega_j D_{ij},\ i = 1,2,\cdots,18 \tag{5-4}$$

当矩阵满足一致性要求时，权向量 $W = (\beta_1, \cdots, \beta_{18})^T$ 即表示 D 层因子对目标 A 的综合权重（表 5-15）。

D 层因子对目标 A 综合权重表 **表 5-15**

代号	D 层因子	综合权重 W
D_1	路网结构	0.0227
D_2	用地布局	0.0572
D_3	危险区位	0.0361
D_4	建设强度	0.0249
D_5	建筑密度	0.0133
D_6	建筑高度	0.0048
D_7	人均用地	0.0056
D_8	用地比例	0.0168
D_9	弹性空间	0.0160
D_{10}	防护隔离	0.0311
D_{11}	基础设施	0.0605
D_{12}	应急避难	0.1332
D_{13}	应急通道	0.0591
D_{14}	应急设施	0.1640
D_{15}	生态环境	0.0182
D_{16}	用地条件	0.0640
D_{17}	灾害风险	0.0617
D_{18}	空间风险	0.2106

5.3.3.5 各层因子综合权重分析

结合 B 层和 C 层因子的相对权重也可以计算出它们的综合权重，与

D 层因子综合权重一并形成城市空间格局安全评价体系的综合权重一览表（表 5-16），并可以绘出各层综合权重图（图 5-2 ~ 图 5-4）。

城市空间格局安全评价体系各层因子权重一览表　　　　**表** 5-16

目标层（A）	准则层（B）	权重 W_b	领域层（C）	权重 W_c	因子层（D）	权重 W_d
城市空间格局安全	空间结构安全	0.1814	布局结构	0.6394	路网结构	0.0227
					用地布局	0.0572
					危险区位	0.0361
			压力结构	0.2370	建设强度	0.0249
					建筑密度	0.0133
					建筑高度	0.0048
			数量结构	0.1235	人均用地	0.0056
					用地比例	0.0168
	空间要素安全	0.4641	防御要素	0.2320	弹性空间	0.0160
					防护隔离	0.0311
					基础设施	0.0605
			应急要素	0.7680	应急避难	0.1332
					应急通道	0.0591
					应急设施	0.1640
	空间环境安全	0.3545	孕灾环境	0.2320	生态环境	0.0182
					用地条件	0.0640
			灾害背景	0.7680	灾害风险	0.0617
					空间风险	0.2106

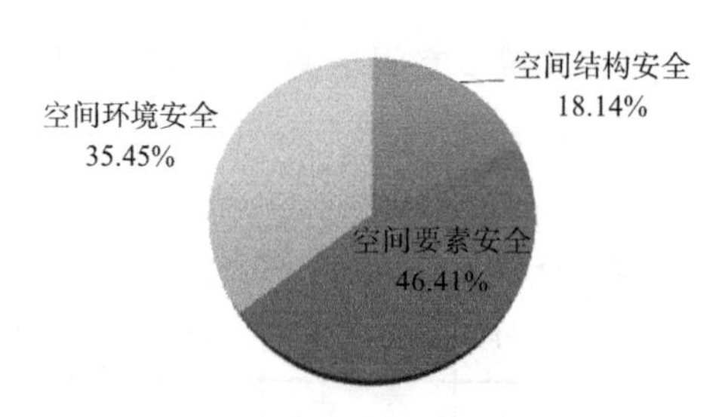

图 5-2　B 层因子对目标 A 综合权重图

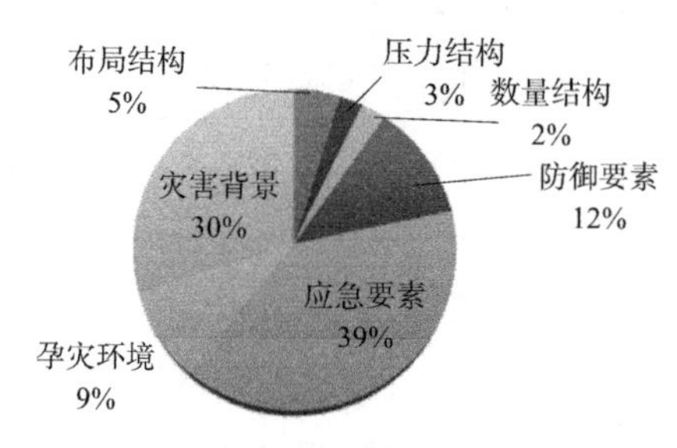

图 5-3　C 层因子对目标 A 综合权重图

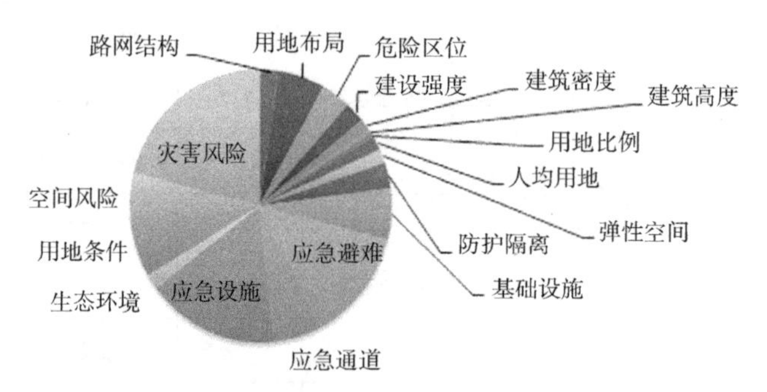

图 5-4　D 层因子对目标 A 综合权重图

5.3.4　运用 FCE 法进行模糊综合评价

5.3.4.1　单因素评价并构建模糊判断矩阵

由专家依据分类评语集评定待估城市在各因子上隶属不同等级的得分，数值越大，表示待估城市在该评价因子上对于该分类的贴近程度越大。具体评分过程为：

设专家集合为 $P=\{p_1,\cdots,p_n\}$，专家权重集合为 $K=\{k_1,\cdots,k_n\}$，评分结果（十

分制）为 f_j（d_i，p_t），表示专家 p_t 给出的待估城市在因子 D_i 上对于分类 j 隶属度得分，且满足：

$$\sum_{j=1}^{5} f_j(d_i, p_t) = 18 \tag{5-5}$$

$r_{ij} \in [0,1]$，表示综合多专家意见的设备在评价因素 i 上对于分类 j 的隶属度，由此得到单因素模糊判断矩阵 $R =（r_{ij}）_{18\times 5}$，其中：

$$r_{ij} = \frac{1}{18}\sum_{t=1}^{n} k_t f_j(d_i, p_t) \tag{5-6}$$

5.3.4.2　综合算子计算模糊综合评价结果

将 D 层次因子综合权重向量 W 以及单因素评判矩阵 R 合成求得模糊综合评价集 $S = W \cdot R$。选用综合算子 $O(\bullet, \oplus)$ 进行模糊关系的合成，按照最大隶属度原则处理合成结果，确定待估城市空间格局的安全水平等级。

5.4　城市空间格局安全单项指标评价方法

5.4.1　运用 Delphi 法遴选安全评价指标

为了将城市空间格局安全研究从定性转到定量，笔者在原安全评价体系增加了一个指标层（E），该指标层是对因子层（D）的进一步明确和量化，是一系列可以观测和计量的安全评价指标。

运用 Delphi 法进行专家问卷调查，最终选择了 18 个安全评价指标，包括：道路网络结构指数（RNS）、工业用地布局指数（ILP）、危险点源区位指数（RSL）、建设强度分布指数（BIP）、建筑密度分布指数（BDP）、建筑高度分布指数（BHP）、人均用地面积指数（LAP）、用地比例结构指数（LUR）、弹性空间绩效指数（RSP）、防护隔离绩效指数（PIP）、基础设施水平指数（LFL）、避难空间分布指数（ESP）、应急路网密度指数（ERD）、应急设施覆盖指数（EFC）、生态环境破碎指数（EEF）、用地条件适宜指数（LCS）、灾害强度频度指数（HIF）和灾害空间风险指数（HSR）（表 5-17）。

城市空间格局安全评价指标一览表　　表 5-17

目标层 A	准则层 B	领域层 C	因子层 D	指标层 E	安全评价指标内涵
城市空间格局安全	空间结构安全	布局结构	路网结构	道路网络结构指数	路网结构结合自然
			用地布局	工业用地布局指数	工业布局集中独立
			危险区位	危险点源区位指数	危险点源区位安全
		压力结构	建设强度	建设强度分布指数	建设强度梯度分布
			建筑密度	建筑密度分布指数	建筑密度均衡分散
			建筑高度	建筑高度分布指数	建筑高度高低有致
		数量结构	人均用地	人均用地面积指数	人均用地符合标准
			用地比例	用地比例结构指数	用地结构比例协调
	空间要素安全	防御要素	弹性空间	弹性空间绩效指数	弹性空间积极发扬
			防护隔离	防护隔离绩效指数	防护隔离距离保障
			基础设施	基础设施水平指数	基础设施高标设防
		应急要素	应急避难	避难空间分布指数	避难空间均衡分散
			应急通道	应急路网密度指数	应急交通内外通畅
			应急设施	应急设施覆盖指数	应急设施冗余共享
	空间环境安全	孕灾环境	生态环境	生态环境破碎指数	生态环境连续稳定
			用地条件	用地条件适宜指数	用地条件总体适宜
		灾害背景	灾害风险	灾害强度频度指数	灾害强度频度较小
			空间风险	灾害空间风险指数	空间风险整体偏低

各级评价因子内涵的界定，以前文安全城市空间格局的理论研究为基础。此处不再深入论述其理论根源，而将重点放在具体安全评价指标的解释和推导上。

单项指标评定以定量分析为主，但有些指标会出现数据不全或没有权威评判标准的情况，就需要引入一些较模糊的评定等级，针对其实际情况进行分析，评价其反映的城市空间格局安全水平，确定综合评价安全等级论域，也用“很差、较差、一般、较好、很好”五个等级表示。城市空间格局单项指标安全水平评分也按五个档次予以评估测定（表 5-18）。

城市空间格局安全单项指标评定等级类别划分标准分值表　　表 5-18

城市空间格局安全评价单项指标分值	城市空间格局安全水平类别等级
$-5 \leqslant S < -3$	很差
$-3 \leqslant S < -1$	较差
$-1 \leqslant S < 1$	一般
$1 \leqslant S < 3$	较好
$3 \leqslant S \leqslant 5$	很好

5.4.2　空间结构安全评价指标

5.4.2.1　道路网络结构指数（RNS）

考察路网结构的适宜程度，基本的考察内容是路网结构的选择是否符合城市所在的自然地理环境。根据前文分析的结果，可以认定不同类型城市的适宜和不适宜的路网结构（表 5-19）。偏离或部分偏离适宜结构的城市，其安全趋向于较差；反之，则趋向于较好。根据路网结构的适宜程度对目标城市进行打分，得分 3 分为最适宜，得分 –3 为最不适宜，0 分居中，从而评判对象城市的路网结构适宜度，得到道路网络结构指数（Road Network Structure Index，简称 RNS）。道路网络结构指数与城市安全水平呈正相关关系。当指数值小于零时，反映路网结构非常不适宜于城市所在的自然地理环境，相应城市安全水平较差。

路网结构适宜评价表　　表 5-19

	方格网	放射式	自由式	混合式
山地城市	–3	–3	3	0
丘陵城市	0	0	3	3

续表

	方格网	放射式	自由式	混合式
平原城市	3	3	−3	0
水网城市	0	0	0	3

资料来源：汪劲柏．城市生态安全空间格局研究 [D]. 上海：同济大学，2006.

5.4.2.2　工业用地布局指数（ILP）

工业生产空间的特征需要适当集中，并相对独立。适当集中能够提高工业企业的集聚效应，相对独立则可减少工业对其他城市行为的干扰。另外，由于工业用地常常会产生废水废气等，可能通过自然风或者自然水流对城市形成不利影响，因而需要考察工业布局与城市主导风向及水流流向的关系。对于城市工业用地的集中程度和独立程度的考察，可以构建定量化的公式进行评价，而对于工业用地与自然风或者水流的关系考察，则可以通过观察和定性分析获得评价。从安全的角度，确定考察的对象主要为二、三类工业用地。

假设某个工业用地面积为 M，城市中共有 i 块工业用地，若 $\overline{M}$ 相对于工业用地总面积的比值愈大，则城市工业用地愈集中，若比值为 1，则城市工业用地全部集中在一起，这个比值即为工业面积平均值比例。对于工业用地的独立性的考察，可以通过考察工业用地与其他用地的接触面的长度来获得信息。假设城市工业用地的外边缘周长为 A_m，与之相接触的居住和公共设施类用地边长为 A_r，若 A_r 与 A_m 的比值较小（即相邻边长比），即工业用地与一般城市用地接触面较小，可以认为是安全水平较高的状态。若工业用地被居住和公共设施类用地完全包围，则该比值为 1，安全水平最低；反之，若工业用地完全独立，则该比值为零，安全水平最高。也有一些特别的情况，比如一片工业用地中包围着一片居住用地或公共设施用地，可以认为是安全水平最低的状态。因此，本章用工业用地面积平均值比例（M_b）与相邻边长比（N）想象指标的综合，作为工业用地布局指数（Industrial Land Pattern Index，简称 ILP）。其中，前一项与总目标呈负相关，后一项与总目标呈正相关，则可以用前项与后项的比值作为工业布局安全指数的度量。该指标和城市空间格局的安全水平呈负相关关系。

公式如下：

$$\mathrm{ILP} = M_{\mathrm{b}}/N = \frac{\overline{M}}{\sum_{i=1}^{n} M_i \cdot N} \tag{5-7}$$

式中　ILP——工业布局安全指数，与安全水平呈负相关关系；

$\mathrm{ILP} = M_{\mathrm{b}}/N$——工业面积平均值相对于总工业用地的比例；

$M_{\mathrm{b}} = \overline{M} \Big/ \sum_{i=1}^{n} M_i$——一般城市用地与工业用地的相邻边长比；

M——单个工业用地的面积；

i——工业用地地块的数量。

上述公式的构建，主要是针对工业用地的集中程度和独立程度的考察，最终的考察结果还需要综合对工业用地与城市主导风向和水流的关系考察。具体方法是：若工业用地位于城市的常年主导风向或者水流上游，可将其公式评价的结果降一个等级处理；若位于城市常年非主导风向的上风向或者水流下游较远处，则可将公式评价结果升一个等级处理。从而获得对工业布局安全指数的综合评价结果。

5.4.2.3　危险点源区位指数（RSL）

危险点源指城市中自身存在较高致险性的设施和物品。城市中的危险因素如危险品油库、化工厂等，对于城市的安全构成重大的威胁。对危险点源的考察可以从其所处区位进行。

危险点源导致危害，常常最先影响到其周边地区，因而危险点源的分布区位很重要。城市规划中有关于危险点源与一般城市用地（指居住、工业、公共类用地，下同）的最低距离的要求，并由相关规范给出了明确规定。可计量危险点源用地上任一点与相邻其他一般城市用地上任一点的最短距离（L），若有多个危险点源用地（i），则计算多个最短距离的平均值（$\overline{L}$）与规范距离值（L_{g}）的差值（B），差值（B）的大小说明了危险点源用地和一般城市用地的总体距离，差值（B）越高则距离越远越安全，反之越不安全，若为负值则表示大部分的危险点源都和一般城市用地距离过近，城市安全水平存在重大隐患。在相同的最短距离平均值（$\overline{L}$）下，可以通过考察若干危险点源与其他城市用地最短距离的离散度，计算标准差[1]（S），可以考察是否存在某些危险点源与一般城市用地距离过近的现象，标准差越大，则说明可能存在距离过近的现象，安全水平越差。本章用规范距离差值（B）与最短距离标准差（S）的综合来界定危险点源区位指数（Risk Sources Location Index，简称RSL）。前项与总目标呈正相关关系，后项与总目标呈负相关关系，可以用前项与后项的比值作为危险点源区位指数（RSL）的度量。

公式如下：

$$\mathrm{RSL}=\frac{B}{S}=\frac{\overline{L}-L_{\mathrm{g}}}{\sqrt{\sum_{i=1}^{i}(L_i-\overline{L})^2/(i-1)}} \tag{5-8}$$

式中　RSL——危险点源区位指数；

$B=\overline{L}-L_{\mathrm{g}}$——规范距离差值；

$S=\sqrt{\sum_{i=1}^{i}(L_i-\overline{L})^2/(i-1)}$——危险点源与一般城市用地最短距离标准差；

L_i——危险点源用地任一点与相邻一般城市用地任一点的最短距离；

i——危险点源地块数量；

$\overline{L}$——平均最短距离；

L_{g}——规范要求的危险点源与一般城市用地的最短距离。

[1] 标准差（S）是考察一组数据的离散程度（离散度）的常用指标，其基本原理是，计算一组数据（假设为A_1，A_2，A_3，…，A_n）相对于其平均值（假设为$\overline{A}$）的差值（假设为$A_n-\overline{A}$），对计算出来的一系列差值求平方数的平均值，即为方差，方差开根号后即为标准差（S）。样本针对平均值的差值有可能是正数或者负数，求其平方一则可全部正数化，二则可以增大数据差距，平方后再求平均值则和样本原数值形成正相关，开根号是为了更加接近样本特征。其一般计算公式为：

$$S=\sqrt{\sum_{n-1}^{n}(A_n-\overline{A})^2/(n-1)}$$

式中　A为样本数值；n为样本数量；S为标准差。

5.4.2.4　建设强度分布指数（BIP）

建设强度分布指数指城市建设的强度在城市地域空间上的分布，通过对于容积率的考察可以获得有效信息。比较合理的方式是建设强度由城市中心向外围呈梯度分布，并且在整个城市的多个片区呈均匀分布。对于单中心城市或者多个城市的单个连片建设区，辨识中心点并结合边界形状进行圈层划分，求各圈层（j）的平均容积率（F_j）的标准差（离散度），标准差（离散度）高则表明建设强度分布的梯度越明显，则越趋向安全状态。该标准差即为单中心城市的建设强度分布指数（Single Center Building Intensity Pattern Index，简称 BIP_1）。对于多中心城市，假设城市由 i 块连片建设区组成，则可进一步求各片区平均容积率标准差（IP_i）的标准差，可以考察各片区的建设强度分布梯度情况是否趋同或差异很大。若趋同，则建设强度分布较均衡，趋向安全状态；反之，则趋向不安全状态。各片区的平均容积率标准差的标准差即为多中心城市的建设强度分布指数（Multi-Center Building Intensity Pattern Index，简称 BIP_2）。

公式如下：

$$\mathrm{BIP}_1 = \sqrt{\sum_{j=1}^{j}(F_j - \overline{F})^2 / (j-1)} \quad (5\text{-}9)$$

$$\mathrm{BIP}_2 = \sqrt{\sum_{i=1}^{i}(IP_i - \overline{IP})^2 / (i-1)} \quad (5\text{-}10)$$

式中　BIP_1——单中心城市或者多个城市的单个连片建设区的建设强度分布指数，与安全水平呈正相关关系；

BIP_2——多中心城市的建设强度分布指数，与安全水平呈负相关关系；

i——多中心城市的连片建设区的数量；

j——单中心城市或多中心城市的单个连片建设区的圈层数量。

上述公式的构建，主要是从数量关系上进行考察，当具体到城市空间布局中时，还是可能有多种情况的。比如说，城市圈层从中心向外围梯度分布与从外围向中心梯度分布，其梯度等级相同时，计算出来的建设强度分布指数是一样的。因而依据上述公式进行的定量考察，需要与实际观察和定性考察相结合，并且互相校核，以达到对城市建设强度分布的实际情况的反映。

5.4.2.5 建筑密度分布指数（BDP）

对于建筑密度的控制，主要的目标是保证城市空间必要的安全弹性，即城市建设需要保证有一定的疏密结构，以保证在连片建设区内必要的生态涵养、防护隔离、安全疏散空间等。可以采用格栅分析方法考察城市空间的建设密度分布。将城市地域划分为若干等面积单元，计算各单元的建筑密度（D）。若以正方形栅格划分，则每个单元的周边有 8 个相邻单元（i），可计算该 9 个单元的平均建筑密度的离散度（S），若离散度高，则表明建筑疏密差异大，越趋向安全水平。本章界定该 9 个单元的平均建筑密度离散度就是建设密度分布指数（Building Density Pattern Index，简称 BDP）。

公式如下：

$$\mathrm{BDP}=S=\sqrt{\sum_{i=1}^{i}(D_i-\overline{D})^2/(i-1)} \tag{5-11}$$

式中 BDP——城市建筑密度分布指数；

S——标准差，反映数据离散程度；

D——样本用地单元的平均建筑密度；

i——样本不同单元用地的编号。

实际上，无论是宏观城市尺度，还是微观城市局部的尺度，都需要保持一定的空间开敞度，才能够实现良好的城市空间格局，保证必要的安全水平。因而，该指标的格栅划分可大可小。若统计栅格较小，则可考察微观城市的密度分布状况，若统计栅格较大，则可考察宏观城市的密度分布状况，故此指标具有较强的适应性。当然，不同的格栅精度，对应的空间开敞度标准也不相同。

5.4.2.6 建筑高度分布指数（BHP）

高层不能过于密集，也需要有透气减压的空间。高层建设需要有一定的高低错落，以保证在连片建设区内必要的日照通风、安全距离、疏散空间等。

也可以采用格栅分析方法考察城市空间的建筑高度分布，将城市地域划分为若干等面积单元，计算各单元的平均建筑高度（H）。若以正方形栅格划分，则每个单元的周边有 8 个相邻单元（i），可计算该 9 个单元的平均建筑高度的离散度（S），若离散度高，则表明建筑高低差异大，越趋向安全水平。本章界定该 9 个单元的平均建筑高度离散度就是建筑高度分布指数（Building Height Pattern Index，简称 BHP）。

公式如下：

$$\mathrm{BHP} = S = \sqrt{\sum_{i=1}^{i}(H_i - \overline{H})^2 / (i-1)} \quad (5\text{-}12)$$

式中　BHP——城市建筑高度分布指数；

S——标准差，反映数据离散程度；

H——样本用地单元的平均建筑高度；

i——样本不同单元用地的编号。

5.4.2.7　人均用地面积指数（LAP）

本章主要考虑主要单项人均建设用地是否符合标准，从而判断城市各类功能用地是否满足整个城市人口的需求。各类用地具有一定的结构关系，是此消彼长的，其中一类人均用地的指标的偏高，一般会引起其他人均用地指标的减少。因此，可以结合以上标准，确定人均用地面积指数（Land Area Per Capita Index，简称 LAP），并进一步规定，偏离值越大的，越不安全。而在具体的评价过程中，可计算以上各类人均用地的实际面积（A）与标准面积（B）的差值（C）的标准差（S）（反映偏离差值 C 的离散度）。由于人均城市建设用地面积一定，当某类人均建设用地面积较高时，必然伴随着另一类人均建设用地面积较低，这时多个人均建设用地面积偏离差值（C）的标准差（反映离散度）较高，反映的人均建设用地面积总体偏离值也较高；反之，当多个人均建设用地面积偏离差值的离散度低则总体偏离值低。从而建立了离散度（标准差）与总体偏离值的正相关关系，当离散度越低（标准差越低）时，相应的总体偏离值越低，城市人均建设用地面积越接近标准值，越偏向平衡、安全状态，反之则偏向不平衡、不安全状态。标示该离散度水平的标准差即为人均用地面积指数（LAP）。

公式如下：

$$\mathrm{LAP} = S = \sqrt{\sum_{i=1}^{i}(C_i - \overline{C})^2 / (i-1)} \tag{5-13}$$

式中 LAP——人均用地面积指数；

S——标准差，反映数据离散程度；

$C=A-B$——实际人均用地面积与标准人均用地面积之差，当 A 处于 B 的规范取值之内时，$C=0$；

A——样本人均用地的实际面积；

B——样本人均用地的标准面积，当 $A>B$ 时取 B 上限，反之则取下限；

i——不同样本人均用地面积的类别数。

5.4.2.8 用地比例结构指数（LUR）

对于城市用地比例结构的控制，行业规范给出了相对科学的指标（见表 6-5、表 6-6）。本章以之为标准，确定用地结构指标，并进一步规定，偏离值越大的，越不安全。而在具体的评价过程中，可计算多种性质用地的实际比例值（X）与标准比例值（Y）的差值[1]（Z）的标准差（S）（反映偏离差值 Z 的离散度）。由于总建设用地一定（100%），当某个用地比例较高时，必然伴随着另一类用地比例较低，这时多个用地比例偏离差值（Z）的标准差（反映离散度）较高，反映的用地比例总体偏离值也较高；反之，当多个用地比例偏离差值的离散度低则总体偏离值低。从而建立了离散度（标准差）与总体偏离值的正相关关系，当离散度越低（标准差越低），相应的总体偏离值就越低，城市用地结构越接近标准值，越偏向平衡、安全状态，反之则偏向不平衡、不安全状态。标示该离散度水平的标准差即为用地比例结构指数（Land Use

[1] 由于国家规范的建设用地比例标准为一个区间值，若实际比例处于区间之中，则差值为 0；若实际比例小于区间下限，则差值为实际比例与下限值之差；若实际比例大于区间上限，则差值为实际比例与上限值之差。

Ratio Index，简称 LUR）。

公式如下：

$$\mathrm{LUR}=S=\sqrt{\sum_{i=1}^{i}(Z_i-\overline{Z})^2/(i-1)} \quad (5\text{-}14)$$

式中　LUR——用地比例结构指数；

S——标准差，反映数据离散程度；

$Z=X-Y$——实际比例与标准比例之差，当 X 处于 Y 的规范取值之间时，$Z=0$；

X——样本用地的实际比例；

Y——样本用地的标准比例，当 $X>Y$ 时取 Y 上限，反之则取下限；

i——样本不同性质用地的类别数。

5.4.3　空间要素安全评价指标

5.4.3.1　弹性空间绩效指数（RSP）

弹性空间是安全城市空间格局系统中的积极要素，在平时能够起到防灾缓灾的作用，在灾害来临时也能够起到滞灾应灾的作用，典型的如城市森林、城市水域等。城市一般绿地由于建设内容的差异，发挥弹性空间的作用常较小，但为了便于统计，也将之列为弹性空间要素。当各弹性空间的规模较高，各块弹性空间均匀分配面积，同时均衡分布于城市各处时，弹性空间的积极效用最理想。弹性空间的规模可以用弹性空间用地占据城市总用地的比例计量，均匀分配面积可以用多个弹性空间面积的标准差考察其离散度，均衡分布可以采用格栅分析法考察各弹性空间占据网格编号的离散度。

可以通过计算弹性空间总面积（$\sum T_i$）占城市用地面积（A）的比例（R）衡量其规模，比例越大则安全水平越高。

通过计算各弹性空间面积的标准差 S_1 考查其面积均匀分配状况，标准差 S_1 越小则分布越均匀，安全水平越高。

通过计算各弹性空间占据网格的编号（N）的离散度 S_2 考察其均衡分布

情况，标准差 S_2 越小即弹性空间占据的网格越分散，分布越均衡。

综合三项指标，可以用弹性空间面积比例（R）与标准差 S_1 和标准差 S_2 的乘数的比值作为弹性空间的表征，即弹性空间绩效指数（Resilient Space Performance Index，简称 RSP）。该指数与城市安全水平呈正相关关系。

公式如下：

$$\mathrm{RSP}=\frac{R}{S_1 \bullet S_2}=\frac{\sum_{i=1}^{i} T_i \Big/ A}{\sqrt{\sum_{i=1}^{i}(T_i-\overline{T})^2/(i-1)} \bullet \sqrt{\sum_{n=1}^{n}(N_n-\overline{N})^2/(n-1)}} \qquad (5\text{-}15)$$

式中 RSP——弹性空间绩效指数；

$S_1=\sqrt{\sum_{i=1}^{i}(T_i-\overline{T})^2/(i-1)}$——弹性空间面积的标准差；

$S_2=\sqrt{\sum_{n=1}^{n}(N_n-\overline{N})^2/(n-1)}$——弹性空间占据网格编号的标准差；

$R=\frac{\sum_{i=1}^{i} T_i}{A}$——弹性空间面积比例；

T——单个弹性空间的面积；

i——弹性空间的数量；

n——弹性空间占据网格数；

N——弹性空间占据网格编号；

A——城市用地总面积。

实际上，若城市绿地、水域的规模太小，将难以形成弹性空间的积极效果，所以有必要界定有效弹性空间的下限规模标准。本章界定安全城市空间格局系统中的弹性空间主要包括具有一定规模的城市绿地空间和城市水域。结合有关文献的参考，以及经验数据总结，取弹性空间的面积规模下限为

$1000m^2$[1]。

5.4.3.2　防护隔离绩效指数（PIP）

很多城市自然灾害如火灾、洪水、风灾等都需要隔离空间来阻断其蔓延，在现代城市空间布局日益密集的情况下，这种防护隔离空间的设置不是见缝插针式的，应该成为相互联通的整体，城市防灾轴网就是基于这种思想提出的。同时，城市内部也存在着危险源或廊道，在城市规划时会采取设置一定宽度的防护绿地的办法，减小这些技术灾害带来的影响。

结合前文的研究，空间分隔的方法可分为实分隔与虚分隔。实分隔指利用建筑物或构造物实体进行分隔，如耐火建筑、防护林、古城墙和防洪堤等；虚分隔指利用城市开敞空间进行分隔，即具有一定宽度的道路、广场、公共绿地、河流水系、交通防护林带、高压线走廊和城市生态绿楔等空间形成纵横交错的城市生态廊道，有机分隔城市分区与组团，这些防护隔离空间全部联系起来便交织成一张城市灾害防护网，这张网的联通度越高、格网越密实，则划分的城市单元越小，灾害蔓延的概率就越小。如果将防护隔离空间加大，则形成“间隙式”或“轴网式”的城市形态。

本章用防护隔离空间总面积（P）与城市总用地面积（S）的比值来界定防护隔离绩效指数（Protective Isolation Performance Index，简称 PIP）。可以用前项与后项的比值作为防护隔离绩效指数（PIP）的度量。

公式如下：

$$\mathrm{PIP}=\frac{P}{S} \tag{5-16}$$

式中　PIP——防护隔离绩效指数；

P——防护隔离空间总面积；

S——城市总用地面积。

5.4.3.3　基础设施水平指数（LFL）

从城市安全的角度考虑，基础设施系统在构建安全体系的过程中发挥着

[1] 吴林春，等. 绿色生态住区的水环境建设 [J]. 住宅科技，2003（2）：18-20.

关键作用，城市市政工程规划中，将供水、供电、医疗、交通、通信等保证城市基本运转最必要设施的系统称为“生命线系统”。这个系统也是在灾害状态下首先需要保证安全的系统。这个系统保证了非常状态下城市的基本运转和减灾救灾工作的顺利进行，所涉及的设施需要在城市正常防灾水平上提高设防等级标准，以保证非常状态下仍能使用。

既有的行业规范对于城市中基础设施的建设给出了比较明确的要求，本章以行业规范为标准建立评价指标，分别考察城市供水（W）、供电（E）、供气（G）、通信（T）、防灾（P）等设施的达标情况。完全达标得 1 分，完全不达标得 –1 分，部分达标得 0 分，据此类推，最后统计各类设施的总得分，可得基础设施水平指数（Lifeline Facility Level Index，简称 LFL）。分值越大则越趋向于安全，反之则趋向生态不安全，若总得分为负值则反映该城市基础设施水平很差，存在很大安全隐患。

公式如下：

$$\mathrm{LFL}=W+E+G+T+P \tag{5-17}$$

式中 LFL——基础设施水平指数；
W——城市供水设施得分；
E——城市供电设施得分；
G——城市供气设施得分；
T——城市通信设施得分；
P——城市防灾设施得分。

5.4.3.4 避难空间分布指数（ESP）

考察城市避难空间可以从两个方面：规模合适和分布合理。假设某个避难空间面积为 E，城市中有 i 块避难空间，则避难空间总面积为$\sum E$。要保证避难空间能容纳所有避难人员，就必须满足人均避难空间指标。目前还没有关于人均避难空间面积大小的国家规范，故暂且参照人均避震疏散面积标准。即根据不同烈度设防区域规定疏散场地的面积要求，人均避震疏散面积见表 5-20。

人均避震疏散面积　　**表** 5-20

城市抗震设防烈度	6 级	7 级	8 级	9 级
面积（m^2）	1	1.5	2	2.5

资料来源：戴慎志 . 城市工程系统规划 [M]. 2 版 . 北京：中国建筑工业出版社，2008：332.

但是若多块避难空间集中于城市的某一个象限，如东北角，那么东南、西南、西北等象限的城区就难在灾难发生时就近到达避难空间。因而，考察避难空间分布的关键还在于其空间分布的均衡性，即考察城市避难空间需要从合理规模和均衡分布两个方面来考察。

对于规模是否符合安全要求的考察，可以用避难空间总面积（$\sum E$）除以城市避难总人数（X），得出人均避难空间面积指标（Y），该指标与城市的抗震设防烈度级别相对应的人均避震疏散面积标准（Z）之比，即人均避难空间面积达标度（P）。

对于均衡分布，可以对城市建设区进行格栅分析，对网格进行顺序编号，此时可以通过求避难空间占用网格的编号（N）的标准差（S），考察避难空间占用网格的编号离散度，离散度越高，则避难空间分布对应的网格较分散，即避难空间分布趋向于均衡分布于整个城市[1]。实际上，格栅划分的精度应适当，以保证对于城市避难空间的考察精度，可以考虑结合地形勘察时划分的网格划分格栅，能够节省工作量，同时保证必要的精度。

因此，本章以避难空间占用网格编号的标准差（S）、人均避难空间面积达标度（P）两项指标的综合作为避难空间分布绩效指数（Emergency Shelter Pattern Index，简称 ESP）。公式如下：

$$\mathrm{ESP} = S \cdot P = \sqrt{\sum_{n=1}^{n} (N_n - \overline{N})^2 / (n-1)} \cdot \frac{\sum E}{X \cdot Z} \tag{5-18}$$

[1] 格栅划分的方法就是给每个数据以空间属性，从而为空间分布的量化提供了可能，这种方法可以应用于所有对空间分布的考察中，本书后面若干指标的建立，也利用了这种格栅分析方法。

式中　ESP——避难空间分布绩效指数；

$S=\sqrt{\sum_{n=1}^{n}(N_n-\overline{N})^2/(n-1)}$——避难空间占据网格编号的标准差；

$Y=\frac{\sum E}{X}$——人均避难空间面积指标；

Z——人均避震疏散面积标准；

$P=\frac{Y}{Z}=\frac{\sum E}{X \cdot Z}$——人均避难空间面积达标度；

E——单个避难空间面积；

N——避难空间占用网格编号；

i——城市避难空间地块数量；

n——城市避难空间占用网格数量。

5.4.3.5　应急路网密度指数（ERD）

应急路网系统平时就是城市道路系统的一部分，承担着城市日常的人员与物资流通。灾时启动其防灾功能，通过交通管制等手段，高效发挥其灾时物资运输、人员救援的作用。目前城市交通网络布局质量评价指标，常用的有路网密度、等级级配与干道间距、路网联结度指数、非直线系数、交叉口综合复杂性系数等。而路网密度是影响城市交通运行效率的一个重要指标，应急路网在灾时的运行效率同样也与这一指标密切相关。应急路网是城市路网的一部分，如果城市路网密度基本合理，则可以推断以其为依托的应急路网密度应该也是比较合理，防救灾能力也是比较高的。因此，本章以《城市综合交通体系规划标准》GB/T 51328—2018 中的城市道路密度指标（σ）为依据（表 5-21），考察与其对应的城市道路网密度是否符合标准，从而判断城市道路网密度是否满足灾时的应急需求。城市道路密度指标（σ）是城市道路长度（$\sum L$）与城市用地面积（$\sum F$）之比，即：

$$\sigma=\frac{\sum L}{\sum F} \tag{5-19}$$

不同规模城市的干线道路网络密度　　**表** 5-21

规划人口规模（万人）	干线道路网络密度（km/km^2）
≥ 200	1.5 ~ 1.9
100 ~ 200	1.4 ~ 1.9
50 ~ 100	1.3 ~ 1.8
20 ~ 50	1.3 ~ 1.7
≤ 20	1.5 ~ 2.2

资料来源:《城市综合交通体系规划标准》GB/T 51328—2018。

各级别的道路密度会具有一定的等级结构关系，是相互影响的，某一级别的道路密度指标的偏高，一般会引起其他级别的道路密度的减少。因此，可以结合以上标准，确定应急路网密度指数（Emergency Road Network Density Index，简称 ERD）。并进一步规定，偏离值越大的，路网越不安全。而在具体的评价过程中，可计算以上各级道路网的实际密度（E）与标准密度（F）的差值[1]（G）的标准差（S）（反映偏离差值 G 的离散度）。由于总的城市道路网密度一定，当某类道路网密度较高时，必然伴随着另一类道路网密度较低，这时多个道路网密度偏离差值（G）的标准差（反映离散度）较高，反映的道路网密度总体偏离值也较高；反之，当多个道路网密度偏离差值的离散度低则总体偏离值低。从而建立了离散度（标准差）与总体偏离值的正相关关系，当离散度越低（标准差越低），相应的总体偏离值越低，城市各级道路网密度越接近标准值，越偏向合理、安全状态，反之则偏向不合理、不安全状态。标示该离散度水平的标准差即为应急路网密度指数（ERD）。

公式如下：

$$\mathrm{ERD} = S = \sqrt{\sum_{i=1}^{i}(G_i - \overline{G})^2 / (i-1)} \tag{5-20}$$

[1] 由于国家规范的建设用地比例标准为一个区间值，若实际比例处于区间之中，则差值为 0；若实际比例小于区间下限，则差值为实际比例与下限值之差；若实际比例大于区间上限，则差值为实际比例与上限值之差。

式中 ERD——应急路网密度指数；

S——标准差，反映数据离散程度；

$G=E-F$——实际道路网密度与标准道路网密度之差，当 E 处于 F 的规范取值之内时，$G=0$；

E——样本道路网实际密度；

F——样本道路网标准密度，当 $E>F$ 时取 F 上限，反之则取下限；

i——样本不同道路网密度的类别数。

5.4.3.6 应急设施覆盖指数（EFC）

应急设施的效用中很重要的一点就是设施的布局是否合理，是否能够在设施总量有限的情况下，通过进行优化配置，最大程度地满足各个地点发生突发事件时的需求。应急设施的 LA 选址模型有最大化覆盖率模型（Maxcover），它是线性函数覆盖限制，即当且仅当需求点位于所属基础设施中心点服务的有效半径之内时则认为被覆盖。本章先以有一定覆盖水平标准作参考的医疗设施和消防设施为例。

《城市消防站建设标准》中规定城市规划区内消防站的布局，一般应以接到出动指令后 5min 内消防队可以到达辖区边缘为原则确定。普通消防站辖区面积不宜大于 $7km^2$；设在近郊区的普通消防站辖区面积不应大于 $15km^2$。也可针对城市的火灾风险，通过评估方法确定消防站辖区面积。[1]

消防设施 5min 责任区圆圈叠加覆盖的总面积（F）与城市总用地面积（S）之比，即为消防设施覆盖率（f）。

$$f=\frac{F}{S} \tag{5-21}$$

式中 f——消防设施覆盖率；

F——消防设施 5min 责任区圆圈叠加覆盖的总面积；

S——城市总用地面积。

一般紧急救护系统皆以 90% 之案件，能在 8min 内到达现场为准则，但

[1] 此处参照的是《城市消防站建设标准》建标 152—2017。

如能缩短到达时间，患者存活率可有效提升（0.77 人 /min）。以我国台湾台中市政府为例，在医疗救援设施的选址上是以 5min 反应时间与 1.5km 服务范围作为绩效标准。因此，可以将城市规划区内的所有医疗设施以 1.5km 为半径画圈，这些圆圈叠加覆盖的总面积（M）与城市总用地面积（S）之比，即为医疗设施覆盖率（m）。

$$m = \frac{M}{S} \tag{5-22}$$

式中　m——医疗设施覆盖率；

M——医疗设施 5min 反应服务区叠加覆盖的总面积；

S——城市总用地面积。

要保证城市安全，城市各项应急设施不能有短板，也就是说都要尽量保证全覆盖。这就需要各项应急设施覆盖率的偏离差值尽可能地小，且相互间的悬殊不能太大。而在具体的评价过程中，可计算各项应急设施覆盖率（E）与全覆盖标准（E=1）的差值（C）的标准差（S）（反映偏离差值 C 的离散度）。离散度（标准差）与总体偏离值是正相关关系，当离散度越低（标准差越低）时，相应的总体偏离值越低，城市各级应急设施的覆盖率越接近标准值，越偏向合理、安全状态，反之则偏向不合理、不安全状态。标示该离散度水平的标准差（S）即为应急设施覆盖指数（Emergency Facilities Covered Index，简称 EFC）。

公式如下：

$$\text{EFC} = S = \sqrt{\sum_{i=1}^{i}(C_i - \overline{C})^2 / (i-1)} \tag{5-23}$$

式中　EFC——应急设施覆盖指数；

S——标准差，反映数据离散程度；

$C = 1 - E$——实际应急设施覆盖率偏离值，当全覆盖时，$C = 0$；

E——样本应急设施覆盖率；

i——样本不同应急设施覆盖率的类别数。

5.4.4　空间环境安全评价指标

5.4.4.1　生态环境破碎指数（EEF）

景观生态学的研究表明，自然生态景观的形成发展过程是一个连续渐进的过程，而城市建设常常以粗暴的手段对自然生态景观进行改造、隔断、穿插、包围等，从而造成城市周边自然生态环境景观的破碎。原有大片的森林或草场可能变成零星小块，原有连绵的山峦可能被拦腰截断，原有完整互通的河流水系可能变成一个个的水沟或池塘。这种破碎对城市安全产生着不利的影响。比如城市建设把一大片森林分割成许多的小块，那么原来大片森林中完整丰富的生态就会遭到破坏而无法存在，大片森林所具有的吸收有害气体和灰尘、保持水土、涵养水源等功能是小片的树林难以实现的，甚至小片的树林可能在城市活动的干扰和包围下萎缩而消亡。于是，原本保持得住的水土可能变成山洪暴发，原本能够消化的废气变成了毒气，原本隐藏在森林深处的病毒可能暴露在脆弱的人体面前，可能带来许多难以预料的灾害。因而对于环境景观破碎度的评价，是评价城市空间格局的安全水平的重要一环。假设城市周边地域存在 I 种自然景观，这些自然景观分布在 J 个单一的景观地域单元中，那么可以用 I 与 J 的比值表示生态环境破碎指数（Ecological Environment Fragmentation Index，简称 EEF）。与城市安全水平呈正相关关系，最高值为 1。即城市周边的自然生态景观分布在尽可能少的景观单元中，则相应的景观单元的完整度较高，从而安全水平较高。当景观数与景观单元数相等时，即一种景观分布在一个景观单元中，是理想的最安全状态。

公式如下：

$$\mathrm{EEF}=\frac{I}{J} \tag{5-24}$$

式中　EEF——生态环境破碎指数；

I——生态景观种类数；

J——景观地域单元数。

5.4.4.2　用地条件适宜指数（LCS）

用地条件适宜反映了城市空间环境的先天灾害形状，从而评价城市空间的环境安全状况。一般的城市规划过程中，选择城市用地之前会进行用地适应性评价，评价内容一般包括地形、地貌、潜在地质灾害、地耐力、地震分布、防洪安全、地下水位等方面，并进行综合评价。[1]

对于城市周边未建设地区，沿用此标准进行评价具有一定的科学性。但是针对城市建设地区，由于大量的城市建设，城市的地质、水文和气候条件都会发生很大的变化。比如说城市街道也发挥着汇集地表水流的作用，2004 年 10 月份北京市的一场特大暴雨，让大部分的街道都变成了河流，导致大面积交通瘫痪[2]。城市中大量的建设导致城市地下空间固结度高，原有土壤间的空隙多被压实，或者被钢筋混凝土地基所取代，导致城市地下空间变得很脆，缺乏弹性和柔韧性，面对地震等灾害性事件的抗力和缓冲力较小，并且灾害常常被这种固结脆化的地下空间扩散到更大的范围。而土壤地下由于空隙较多，面对灾害具有较强的抗力和缓冲力，能够对灾害事故起到缓冲和弱化作用。因而大量的城市建设，对于城市安全是不利的，其可能导致的城市地质变化是影响深远的[3]。所以，对于城市建成区也需要进行用地安全性评价（表 5-22）。

城乡用地建设适宜性类别与用地评定特征表　　表 5-22

类别等级	类别名称	用地评定特征				
		场地稳定性	场地工程建设适宜性	工程措施程度	自然生态	人为影响
Ⅰ	不可建设用地	不稳定	不适宜	无法处理	特殊价值生态区	影响强
Ⅱ	不宜建设用地	稳定性差	适宜性差	特定处理	生态价值优势区	影响较强

[1] 吴志强，李德华. 城市规划原理 [M]. 4 版. 北京：中国建筑工业出版社，2010.

[2] 参考新华网，http：//www. bj. xinhuanet. com/bjbyzt/bjbyzt. htm.

[3] （法）阿莱格尔. 城市生态与乡村生态 [M]. 北京：商务印书馆，2005.

续表

类别等级	类别名称	用地评定特征				
		场地稳定性	场地工程建设适宜性	工程措施程度	自然生态	人为影响
Ⅲ	可建设用地	稳定性较差	较适宜	需简单处理	生态价值脆弱区或生态价值良好区	影响较弱或无影响
Ⅳ	适宜建设用地	稳定	适宜	不需要或稍微处理		

资料来源：城乡用地评定标准 CJJ 132—2009[S]. 北京：中国建筑工业出版社，2009.

以评定单元的用地评定分值划分用地评定的等级类别，应符合表5-23的规定。

城乡用地建设适宜性评定等级类别划分标准分值表 **表5-23**

序号	类别等级	类别名称	评定单元的评定指标综合分值
1	Ⅰ类	不可建设用地	$P<10.0$
2	Ⅱ类	不宜建设用地	$30.0>P\geqslant 10.0$
3	Ⅲ类	可建设用地	$60.0>P\geqslant 30.0$
4	Ⅳ类	适宜建设用地	$P\geqslant 60.0$

资料来源：城乡用地评定标准 CJJ 132—2009[S]. 北京：中国建筑工业出版社，2009.

对于用地条件适宜指数的确定，可以沿用上述方法和标准。采用栅格分析法，将评定区[1]划分为若干单元，根据用地评定等级，对各单元用地进行打分，最终可以得到适宜建设用地（$P\geqslant 60.0$）的网格数（S），适宜建设用地的网格数（S）与评定区总的网格数（N）的比值，即用地条件适宜指数（Land Condition Suitable Index，简称LCS）。指数值与城市安全水平正相关。

公式如下：

$$\mathrm{LCS}=\frac{S}{N} \tag{5-25}$$

[1] 包括城乡现状建成区用地和可能（拟）作为城市发展的用地。

式中　LCS——用地条件适宜指数；

S——适宜建设用地（$P \geqslant 60.0$）的网格数；

N——评定区总的网格数。

5.4.4.3　灾害强度频度指数（HIF）

灾害强度是对潜在灾害发生及其可能对生命、财产、生活和环境造成的潜在冲击与损害的程度。风险评估是确定风险性质与程度的一种方法。在开始进行城市灾害风险评估时，确定该城市可能发生的灾种是关键。

首先，需要对该城市历史上曾经发生过的灾害事件做一个简单的整理列表，列出各个灾害事件的发生时间、地点、灾害类型、伤亡人数、倒塌房屋数量、经济损失等。而对于灾害事件的资料来源，则可以从各层级和各种类的政府机构和学术机构获取。

其次，需要确定潜在灾害。这时，考虑的因素包括灾害类型、发生的可能性、强度、潜在的影响等。灾害的强度（I）分为灾难性的、重大的、有限的、可以忽略的等四个等级。发生的频度（F）又分为高、中、低、不可能四个等级。

然后，在明确确定潜在灾害的因素后，可以对各个灾害种类进行列表，分别打分，最后综合起来看各个灾种的总分情况，再确定规划需要考虑的灾害种类。

因此，可以采用灾害损失强度（I）和灾害风险频度（F）两个特征值来刻画灾害强度频度指数（Hazards Intensity & Frequency Index，简称 HIF），其计算公式如下：

$$\mathrm{HIF}=\sum_{i=1}^{n} I_i F_i w_i \tag{5-26}$$

式中　HIF——灾害强度频度指数；

I_i——某一类灾害损失强度指数；

F_i——某一类灾害风险频度指数；

w_i——某一类灾害计算权重；

n——城市潜在灾害的类别数。

5.4.4.4　灾害空间风险指数（HSR）

针对不同的城市灾害需要运用不同的灾害风险空间分析方法，本章主要选择地震、火灾、洪灾和重大危险源事故四大主要灾害风险。

结合风险分析的四种主要灾害，按照自然灾害与人为灾害两种，分别按照损害程度高、中、低三种，分别赋值 3、2、1，并按自然灾害 30%、人为灾害 20% 的权重逐一进行叠加分析。

通过以上打分及叠加权重，综合评分（分值为 R）后，可按“超高风险区、偏高风险区、中等风险区、低风险区”四个等级绘制城市灾害空间风险图。

对于灾害空间风险指数的确定，可以沿用上述标准。采用栅格分析法，将评定区[1]划分为若干单元，根据城市灾害空间风险评定等级，对各单元用地进行打分，最终可以得到低风险区（$R \leqslant 1.2$）的网格数（H），低风险区的网格数（H）与评定区总的网格数（N）的比值，即灾害空间风险指数（Hazards Spatail RiskIndex，简称 HSR）。指数值与城市安全水平正相关。

$$\mathrm{HSR}=\frac{H}{N} \tag{5-27}$$

式中　HSR——灾害空间风险指数；

H——低风险区（$R \leqslant 1.2$）的网格数；

N——为评定区总的网格数。

[1] 包括城乡现状建成区用地和可能（拟）作为城市发展的用地。

第 6 章　城市空间格局安全优化方法

城市安全是一门实践性较强的应用性学科，前文主要展开论述了安全城市空间格局理论，描述了一个安全城市空间格局框架，建立了城市空间格局安全评价方法。但对于如何对城市空间格局进行优化，如何达到安全的状态，需要进一步对优化内涵、优化原则、优化原理、优化策略、优化模式和整合方法进行展开研究。

基于安全的城市空间格局优化并不完全等同于城市防灾规划。城市防灾规划是指在一定时期内，对有关城市防灾安全的土地使用、防灾工程、空间与设施进行综合部署、具体安排和实施管理。它主要包含空间布局、设施部署、工程技术和实施管理等内容。基于安全的空间格局优化主要包括空间布局和设施部署的内容，其内涵是小于城市防灾规划的。但基于安全的空间格局优化是城市防灾规划的方法论基础，用以指导城市防灾规划中的空间布局要求。前者是理论与方法，后者是实践与应用。同时，基于安全的空间格局优化并不仅限于对城市防灾规划的指导，它是为实现城市安全而在空间格局方面所做的努力，也应成为其他各类城市空间规划的方法论基础。

本章从城市空间的“安全二重性”出发，分别对作为城市安全载体的“安全城市空间结构”优化和作为城市安全本体的“城市安全空间要素”优化进行研究。

6.1　城市空间结构安全优化

6.1.1　城市空间结构安全优化内涵

城市空间结构从本质上是一系列城市物质空间对象组成的系统的内在关系的抽象，包括了空间分布关系、数量比例关系、相互影响关系等多方面内涵，其中最基本的是空间分布关系。从城市安全的角度考察城市空间结构，可以从三个层面展开：不同性质物质空间的分布关系决定了其相互作用方式和途径，从而影响到整体的安全状况；不同密度和强度物质空间的分布状况，影响着城市是否具有比较容易滋生灾害威胁或者具有比较高的抗灾能力；不同性质空间的数量比例关系也间接反映了城市空间使用是否和谐可持续，或者较容易滋生各种灾害。对这三个方面进行精炼总结，即为布局结构优化、压力结构安全、数量结构合理三个方面。

6.1.1.1　布局结构安全优化

空间布局结构指不同性质的城市物质空间分布关系，反映了城市空间结构的二维分布状况，是城市空间结构的物质性体现。从城市安全的角度看，城市路网结构是城市空间结构的基础，需要重点考察；城市工业空间，常常伴随着物流、机械、三废、化学品等物质和行为，尤其是二、三类工业，是关键性的安全消极因素，而其他的各种功能空间，如居住、基础设施等，对于城市整体安全水平的影响力相对较小；同时城市内部的一些人工危险点源以及自然危险地区宜尽量避开。

1. 路网结构

路网结构要结合自然，即路网的选择宜结合地形地貌以及自然生态环境，以保证城市骨架的安全。路网结构奠定了一个城市空间结构的基础，同时也限定了城市行为的基本路径，对于城市安全也有着重大影响。路网结构的选型主要的考虑因素就是包括城市地形、地貌、地质等自然条件，而路网结构选型一旦确定，基本就确定了城市未来相当长一段时期的发展格局，也奠定了未来城市安全水平的基本起点。

在不同的社会、自然地理条件下，城市道路网系统会发展成不同的形态。常见道路网类型为方格网式、环形放射式、自由式和混合式四类。

第一，方格网式。方格网式又可称作棋盘式，是一种在地形平坦城市中最常见的道路网类型。方格网式的路网特点是：道路布局整齐不利于建筑物的布置；平行道路有利于交通分散，便于机动、灵活地进行交通组织；但是对角线方向的交通联系不便，增加了部分车辆的绕行。国外一些大城市的旧城区历史形成的路幅狭窄、密度较大的方格路网，已经较难适应现代交通的需求，在灾害来临时，快速疏散和救援就成了大问题。

第二，环形放射式。环形放射式道路网最初多见于欧洲广场组织道路规划的城市。而在我国一般由城市中心区逐步向外发展，由中心区向四周引出的放射性道路逐步演变过来。环形放射式路网的特点是：放射性道路加强了市郊联系，同时也将城市外围交通引入城市中心区域，增加了城市中心区的安全压力。

第三，自由式。自由式道路网是由于城市地形起伏较大，道路结合自然地形呈不规则状布置而形成。自由式道路网的特点是：结合地形，如果精心规划有可能形成活泼丰富的景观效果；但是会出现道路不够畅通和方向难以识别的问题，这给灾难救援和疏散带来影响。

第四，混合式。混合式道路网系统是对上述三种形式的综合，即在同一个城市同时存在几种类型的道路网，组合成混合式的道路网。其特点是：扬长避短，充分发挥各种形式路网的优势。

2. 用地布局

基本功能布局要合理，即城市基本的居住和工业布局必须考虑主导风向、水流方向以及相互之间的干扰。工业生产是近当代城市的重要职能，工业生产空间也是城市空间的重要组成部分。工业生产空间需要适当集中，并相对独立。既能够从生产上形成产业联动，避免与居住、公共服务设施等用地的穿插，也便于施行整体性的安全措施，保证安全生产。即城市工业用地的布局，主要从集中程度和独立程度两个方面来保证城市安全。此外，工业布局应适当规避城市的主导风向，以避免工业废气对城市形成污染。

3. 危险区位

城市内部的一些人工危险如化工厂、油库以及易爆仓库等危险点源的区位选址应充分考虑对城市的威胁；城市内部自然危险如泄洪通道、洪水淹没区、地震断裂带、地质松软区等宜尽量避开。危险点源布局要保证安全，这些危险要素爆发事故，往往不仅仅带来生命财产的损失，还会导致生态环境的急剧恶化。避开一些灾害危险地段同样重要。2005 年夏天，“卡特里娜”飓风导致美国新奥尔良市蒙受巨大损失，并最终演变成人性的灾难，一个很重要的因素导致了灾害的加剧。新奥尔良市在城市建设时忽视城市安全布局，将

50% 以上的湿地排干或填没，不能吸收和减少洪水侵袭；密西西比河挟带的泥沙本可沉积在入海口增加对城市的缓冲，但在城市建设中却被引入管道加速冲走；当地石化企业在进港口的海滨建立了大量的炼油厂、原油仓库、化学品仓库等，飓风来袭时造成工厂和仓库被风暴淹没，使袭向城市的洪水变成了污水和毒水，加重了危害。❶

6.1.1.2　压力结构安全优化

从城市安全的角度，城市建设不仅仅表现为二维的分布结构和数量关系，还表现出多维的强度和密度关系。在相同的二维空间结构基础上的建设密度和强度不同，带来的城市安全状况也差异很大，因而需要保持城市建设适当的强度和密度空间。压力结构概念的界定，就是为了说明建设强度、建筑密度以及建筑高度给城市安全带来压力的状况。其中，建设强度主要可以用容积率指标来体现，因此，本章的研究将二者概念对等考虑。

要达到安全优化的目标，那么建筑密度、容积率和建筑高度就需要平衡，它们之间又有怎样的联系呢？为了能作为压力结构安全优化量化研究的依据，现在我们先作一个简单的算式推导。

假设：用地面积为 S，容积率为 F，建筑密度为 D，建筑限高为 H，建筑平均高度为 $\overline{H}$，建筑层高为 h，建筑平均层高为 $\overline{h}$❷，建筑层数为 l，建筑平均层数为 L，总建筑面积为 A，则总建筑面积：

$$A = S \cdot F \tag{6-1}$$

那么：

$$S \cdot F = S \cdot D \cdot l = S \cdot D \frac{H}{h} \tag{6-2}$$

❶ 引自王祥荣于同济大学召开的 2005 年第二届中国城市规划学科发展论坛上的发言。

❷ 具体针对某一类性质建筑，其建筑层高是大致固定的，从城市整体空间格局出发，选取不同性质建筑的平均层高来简化研究问题。

去掉两边相同因子，得到：

$$F = D \cdot \frac{H}{h} \tag{6-3}$$

即：容积率 = 建筑密度 ×（建筑限高 / 建筑层高）

或：

$$F = D \cdot l \tag{6-4}$$

即：容积率 = 建筑密度 × 建筑层数

这一近似成立的等式，为什么说是近似成立，是因为“建筑限高 / 建筑层高”（建筑层数）这个因子的可变性较大，在进行建筑设计时，为追求建筑美观，各个建筑的高度不会是一样的，不同使用功能的建筑，层高也不一样，建筑层数也就不一定相同，往往高低错落，若要等式严格成立，应为：

$$F = D \cdot \frac{\overline{H}}{\overline{h}} = D \cdot L \tag{6-5}$$

即：容积率 = 建筑密度 ×（建筑平均高度 / 平均层高）= 建筑密度 × 平均层数。

从上述的数学等式，我们可以看出，容积率、建筑密度和建筑限高相互之间存在紧密的联系，互为变化，具体说就是容积率与建筑密度、建筑限高成正比关系，由此可以利用这一特点，针对不同的地块的具体情况、具体要求，仅对最主要的指标进行控制，其余的指标则利用它们的相互关系，留在修建性详细规划编制时选择，给其更大的设计空间，使用地指标的设置合理，以达到压力结构安全优化的目的。

规划控制的原则决定了规划控制的内容，建设活动应该履行的责任及因此而获得的利益和两者都得以实现的保证。在容积率 F、建筑密度 D 和建筑限高 H 三个因子之中，一般说来，容积率反映经济利益，而建筑密度反映安全效益。根据空间容量控制原理的变化形式“$D/\overline{h}=F/H$”，建筑密度和建筑平均层高一定时，容积率与建筑限高成正比，但建筑限高过高就会增加安全压力（P），当达到最小安全压力（$P_{min\text{-}s}$）时的最大建筑限高（$H_{max\text{-}s}$）对应的最高容积率为最安全容积率（$F_{max\text{-}s}$）。如果还要继续减小安全压力，而此时建筑高度又到了最大值，则只有减小容积率 F 为 F'，才能使整体安全压力减小（曲线 F 与曲线 P 的围合面积减小）。可见，提升城市空间格局安全是要以减少经济利益为代价的（图 6-1）。

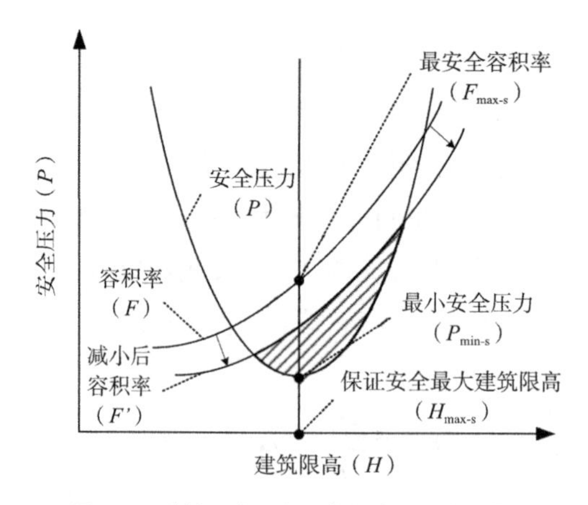

图 6-1　建筑限高、容积率与安全压力的关系

城市建设强度一般是能根据城市人口规模推算出来的，在满足人的基本需求的建筑容量的前提下，城市建筑密度和建筑限高就成了控制城市空间格局安全的两大因素了。根据空间容量控制原理公式变形式“$F\cdot\overline{h}=D\cdot H$”，容积率（$F$）和建筑平均层高（$\overline{h}$）一定时，建筑密度与建筑限高成反比，但建筑限高过高也会增加安全压力（P），当达到最小安全压力（$P_{min\text{-}s}$）时的最大建筑限高（$H_{max\text{-}s}$）对应的最高建筑密度为最安全建筑密度（$D_{max\text{-}s}$）。如果还要继续减小安全压力，而此时建筑高度又到了最大值，则只有减小建筑密度 D 为 D'，才能使整体安全压力减小（曲线 D 与曲线 P 的围合面积减小）。可见，降低建筑密度是提升城市空间格局安全的有效手段（图 6-2）。

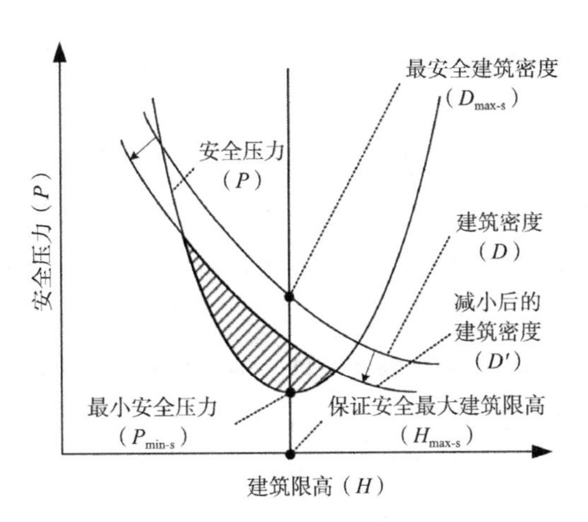

图 6-2　建筑限高、建筑密度与安全压力的关系

1. 建设强度

建设强度需要合理设限，即建设开发强度不宜过高，宜与城市应急救援资源相匹配，特别是要考虑城市不同用地的安全容量。过高的强度会导致地基不堪重负、灾害风险增加、救援压力加大、热岛效应明显、绿化面积稀少、废物废水废气过多等问题。建设强度与安全压力呈正相关关系，如图 6-3 所示，随着建设强度（F）的不断增加，城市灾害风险压力和救灾资源压力都不断增大，城市整体空间格局安全压力（P）增大。

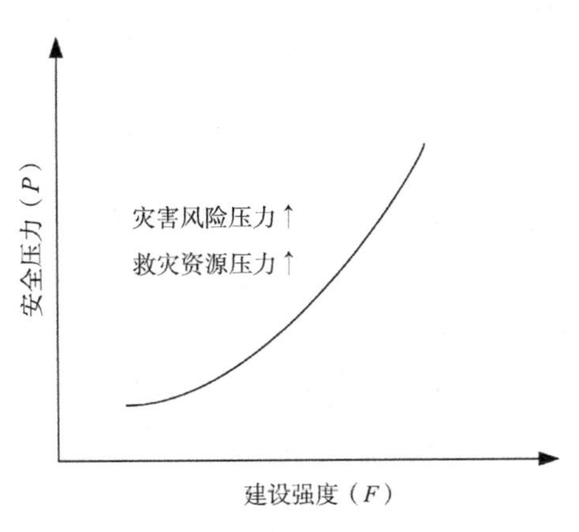

图 6-3　建设强度与安全压力的关系

经济意义上的“最佳”容积率，仅是从最佳商业效益上分析，并非最佳安全水平的容积率。比如，在中心区的容积率为了利润最大化，致使容积率过高，造成交通堵塞、空气污染、公共设施负荷过重，对环境造成破坏，城市安全风险增加；而在郊区，可能由于地价低，造成容积率过低，防救灾设施配备不足，造成防灾效率降低，安全风险增加。经济上的最佳容积率不能等同于保证安全的最佳容积率，因此，容积率需要进行一定的安全调控。

容积率的安全调控主要体现在分区数值的控制上。为了防止过度追求经济利益而增加安全风险，多数城市分区可对最高容积率和最高建筑密度进行控制。比如对容积率的限制措施，分不同区域进行最高数值控制，以减低内城的安全风险压力。按目前的调控方法，容积率的空间分布经过调整后，在城市中心区和城市边缘能起到有效的限制作用，容积率的变化曲线变成部分折线。但在远郊，由于普遍低密度发展，容积率的限高措施可能起不到有效的调节作用（图 6-4）。

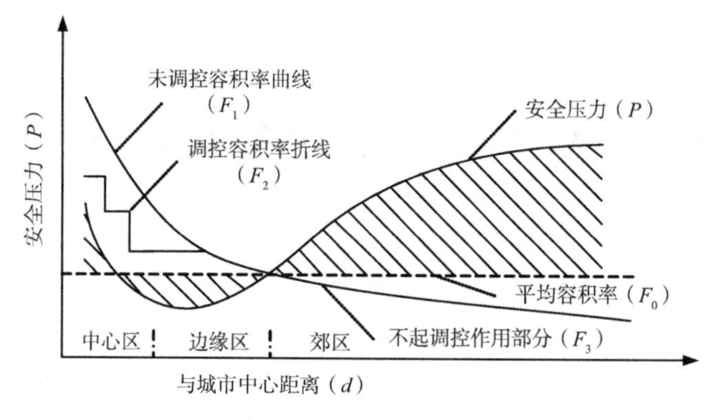

图 6-4 单中心空间结构容积率与安全压力关系

目前，容积率控制存在一定的误区，即重视高容积率带来的安全压力而忽视低容积率带来的救灾资源配备问题。很多城市甚至认为郊区的“生态性”就是所谓的大绿化、低密度，而对于郊区低容积率开发引发的安全问题却没引起足够的重视。在西方城市发展史上，郊区低密度、低容积率蔓延所造成的基础设施浪费、救灾效率降低、能量耗费大、空气污染、内城空洞化等问题一直困扰着城市的健康发展,已证明不是一种安全可持续的城市形态。目前,我国大城市新区开发中存在追求过低容积率的倾向，引发新区防救灾资源配备不足的现象。过高容积率和过低容积率都不能实现安全水平最优的环境。

城市空间结构安全优化可以直接对容积率进行重组、调整，影响整个城市的建筑容量。城市空间结构的分类较多，但总体上可分为单中心、多中心和网络式三种典型模式，它们对容积率产生不同的调节作用。单中心的理想模型和我国目前大多数城市同心圆空间结构相适应。但单中心结构的城市带来的城市无序扩张问题已引起重视，随着我国进入后工业社会，城市逐步向多中心发展。

目前，中国各大城市也不约而同提出“多中心”的城市布局，这对容积率的分布将产生积极的影响。从城市空间结构角度看，多中心的空间结构实现的容积率比单中心结构更优化和合理。城市的空间安全压力往往取决于容积率的峰值点，而不是平均值。如果某一区域容积率过高，当灾害来临需要疏散时，这一区域很容易造成交通堵塞，即使其他区域能保持顺畅，整个城市也会因为某区域的堵塞而致使安全水平下降。在城市土地变化稳定的情况下,城市的同心圆空间结构推高中心的容积率峰值点,产生中心风险压力增大,致使整体的城市安全性下降。此时的平均容积率仍然很低，很多用地没有得到充分的利用。如果采用多中心的城市结构布局，使各种峰值点能维持在合理的水平，就能避免这种现象。由于郊区及边缘区形成了新的中心，提高了整体容积率,可以在高容积率时保持较好的安全水平。在容积率的空间分布上,多中心结构的容积率分布形成波浪式的结构（图 6-5），即其安全压力曲线与平均容积率围合面积比图 6-4 的面积小，城市安全压力小。多中心的布局在抗风险，改善城市效率，增加城市空间容量和改善环境质量方面比单中心更有效。

在未来高度信息化的社会，人们享有传送信息的高度自由，城市任何角落获得信息与反馈信息的机会平等，工作地点不再依赖城市中心，城市不需要像 CBD 一样集中办公，交换信息的区域、中心也就随之消失，城市演变成网络式的空间布局。由于不存在中心点，城市各部分的安全风险平均，整体空间安全风险也大大降低。此时，容积率的高低不再与中心的距离相关联，而取决于自身的需要，容积率的空间分布不再存在大的差异，分布曲线变成随意的、不规则的折线（图 6-6）。安全压力曲线与平均容积率围合面积比图 6-4 和图 6-5 的面积都小，即城市安全压力相对而言更小。

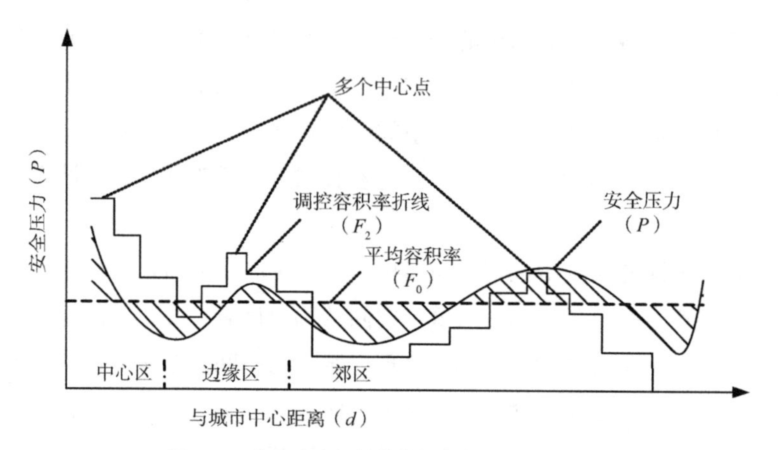

图 6-5　多中心空间结构容积率与安全压力关系

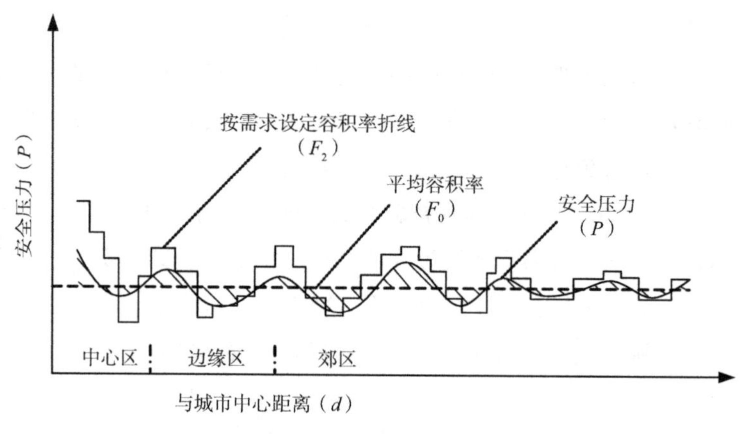

图 6-6　网络型空间结构容积率与安全压力关系

总之，从城市空间结构来看，保持一定的平均容积率网络型的空间结构的安全水平优于多中心的空间结构，多中心的空间结构又优于单中心的空间结构。

2. 建筑密度

建筑密度也不宜过高，要保证城市有足够的可呼吸空间，同样也需要注意不同用地的疏散空地要求。过大的密度会带来城市拥挤、消防通道难以保证、灾害易于蔓延、人员难以疏散等问题，都给城市安全带来了很大压力。当然，过低的强度和密度也会带来防灾资源跟不上、救灾效率过低的问题。对于建设密度的控制，主要的目标是保证城市空间必要的“可呼吸性”，即城市建设需要保证有一定的疏密结构，以保证在连片建设区内必要的绿色空间、安全疏散空间、空气流通空间等。如图 6-7 所示，城市整体建筑密度（D）达到最安全建筑密度（D_{max-s}）之前，城市安全压力（P）与建筑密度（D）呈负相关，因为过于松散的城市空间格局，为了覆盖到所有救灾需求点，救灾资源的压力就要大一些。但城市整体建筑密度增加到一定程度后，城市空间会变得过于拥挤，城市灾害风险增大，城市空间格局安全压力增大。沙里宁用生态学和生物学的思维来研究城市，提出最合理的城市建设模式应该像生命体那样有机疏散，即保持功能有机集中与集中点有机分散相结合，保证城市中的“可呼吸空间”。

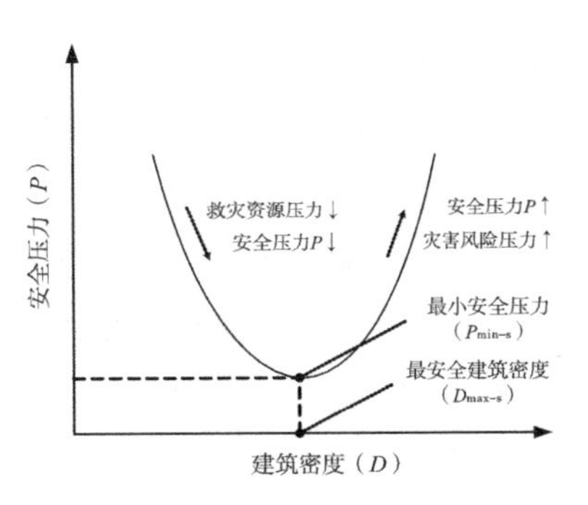

图 6–7　建筑密度与安全压力的关系

3. 建筑高度

高层建筑要合理分布，即主要是控制高层建筑的数量与布局，高层过于密集会导致地面沉降，救灾困难增加，疏散压力加大，影响日照通风。城市高强度开发引发的高层建筑的增加，伴随而来的是建筑投资规模大，建筑使用功能复杂，火灾因素多，灾难发生时难以救援。一旦发生灾难造成危害、影响大，救援难度大，也是世界性的难题。城市高层控制与防灾减灾的关系研究刚刚兴起，往往大量研究集中在单独高层建筑本体防灾方面。在高层建筑空间组合和建筑高度宏观控制等方面，针对不同的灾害环境，对现有高层空间布局调整优化，提高其整体安全防灾能力。

高层建筑在城市空间中的布局不但受到用地性质、区位价值、交通条件、城市景观和历史保护等因素的影响，还与城市的日照、通风以及安全等因素有关。高层建筑的垂直疏散的压力大，高空救援的难度也大，如果遇到坍塌，对周边的影响也是巨大的，上海“11·15”特大火灾事故和美国“9·11”恐怖袭击事件就很能说明问题。另外，高层过于密集还有可能造成地面沉降。例如，上海城市基础设施建设迅猛发展，大量高层、超高层建筑不断兴建，工程建设的地面沉降效应逐渐凸显，成为上海近年来新的沉降制约因素之一[1]。如图 6-8 所示，建筑限高过小的区域往往是低层高密度建筑密集的老城区或历史街区，安全压力最大；但随着建筑限高的增加，开始出现多层中等密度空间形态，安全压力减小；随着建筑限高（H）的继续增加，开始出现高层甚至超高层的空间形态，灾害发生时的疏散压力和救援困难增加，同时也可能导致地面沉降加快，安全压力（P）增大。

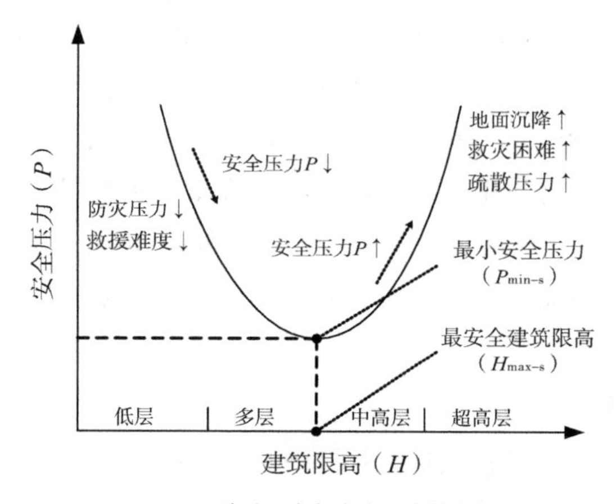

图 6-8　建筑限高与安全压力的关系

6.1.1.3　数量结构安全优化

城市空间的数量结构，即指不同性质城市空间在数量上的比例关系，反映了不同城市行为开展的可用空间的数量关系。城市空间的数量关系，可以

[1] 龚士良. 上海城市建设对地面沉降的影响 [J]. 中国地质灾害与防治学报，1998（2）：110-113.

选择人均用地指标和用地比例关系进行考察[1]。

1. 人均用地

人均用地间接反映了人口密度风险，城市用地规模要考虑城市现状水平以及资源环境容量，安全容量要合理配置。城市的合理规模始终是城市规划与研究中一个具有诸多争议的问题。在我国的快速城市化进程中，许多城市病的出现都与城市的“摊大饼”式蔓延有关。这导致城市的道路交通等基础设施问题严重、生态环境恶化、社会问题滋生等，致使城市运行秩序严重紊乱，面对灾害的抵抗性大大减弱。城市化是城市、社会、经济发展到一定阶段的结果，但在我国当前推进城市化过程中存在着一些不良倾向，即政府在推进城市化的过程中起着主导作用，而忽视了市场经济规律在城市化进程中的作用。在一些城市，城市规模和城市化水平成了政府用来标榜政绩和显耀城市经济发展水平的一件“漂亮外衣”。所以，城市不论其职能和性质，都要“做大、做强”，都要成为“国际性都市”。城市发展规模的大小，高层建筑的数量，道路的宽度等成为衡量城市是否发展得好的标准。在这种泡沫化的城市开发建设浪潮中，城市的骨架拉得很大，却没有科学的规划，没有高质量的实体与之匹配，一些政府和开发商只注重近期利益，忽视长远利益。这种盲目地扩大规模、追求高层建筑、拓宽道路等表面形象的做法，使得城市在基础设施、建筑质量、各种防灾配套设施、生态环境等方面都埋下了灾害隐患。因此，理性、客观地控制城市规模和安全容量在某种程度上会减少城市灾害隐患，提高防灾救护工作的效率。

城市规模通常以人口规模和用地规模来界定。人口规模和用地规模两者是相关的，根据人口规模和人均用地指标就能确定城市的用地规模。因此，在城市发展用地无明确约束的条件下，一般是从预测人口规模入手，再根据城市性质与用地条件加以综合协调，确立合理的人均城市建设用地指标，以此推算城市的用地规模。人均城市建设用地指标选择偏大，则规划城市人口

[1] 从城市整体的角度，考察城市不同性质空间数量关系的常用方法，是考察不同性质的城市建设用地的数量关系，这时建筑面积的使用情况常常是复杂的，某一建筑空间可以为多种功能使用，给统计增加难度，而且从城市整体的层面来统计城市中不同性质建筑面积可能面临数据量过大的困难。城市建设用地统计是城市规划的主要工作内容之一，具有较强的可观测和可统计性。

密度小，反之则人口密度大，二者呈反比关系（图 6-9）。人均城市建设用地指标偏大，则城市人口分布较稀，城市布局相对分散，在城市防灾资源建设受限的情况下，城市各种安全设施就难以全部覆盖，救援效率也会降低，城市安全度就会偏低。但如果人均城市建设用地指标偏小，则城市人口分布过密，城市布局过于集中，城市防灾的难度也会增大。由于建筑密度较大，防护间距的保持较困难。人口一多，人为失误引起灾害的可能性较大，火灾、交通事故和化学事故频频发生（图 6-10、图 6-11）。

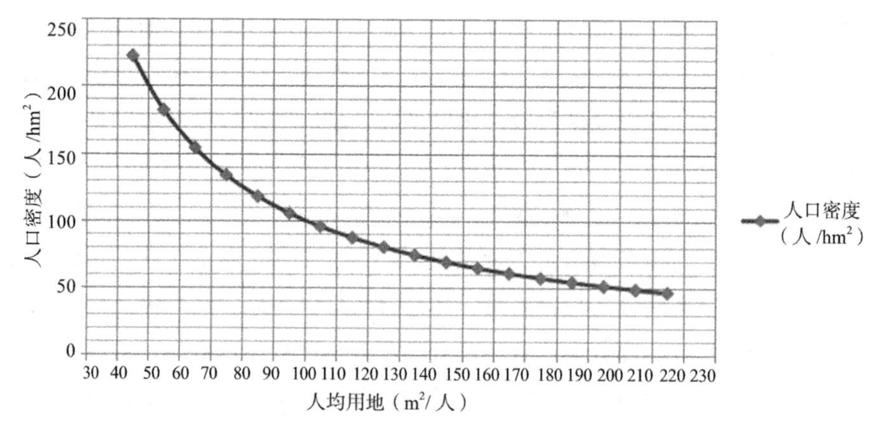

图 6-9 人均用地与人口密度的关系图

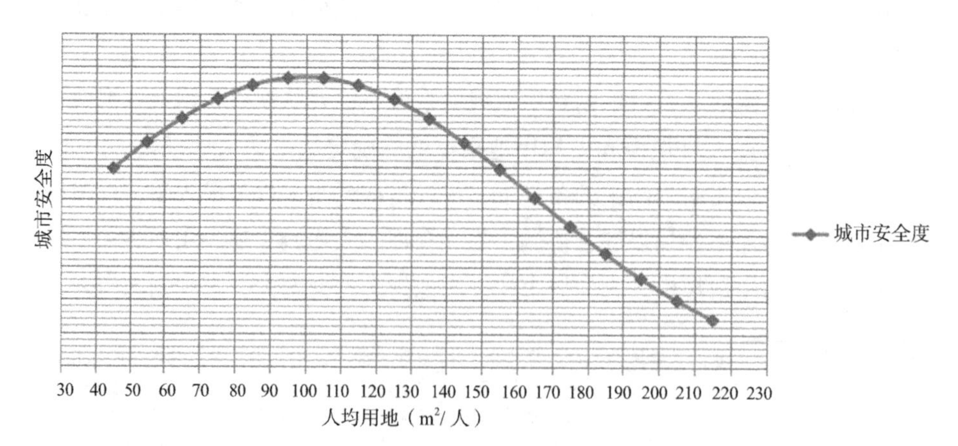

图 6-10 人均用地与城市安全度的关系图

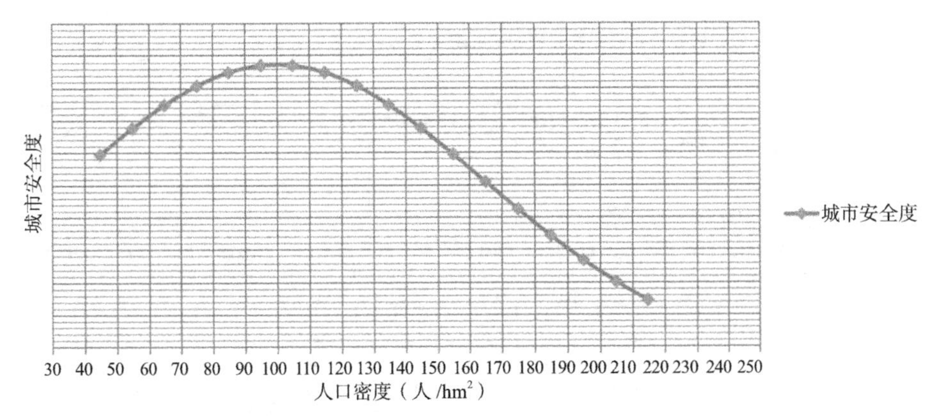

图 6-11　人口密度与城市安全度的关系图

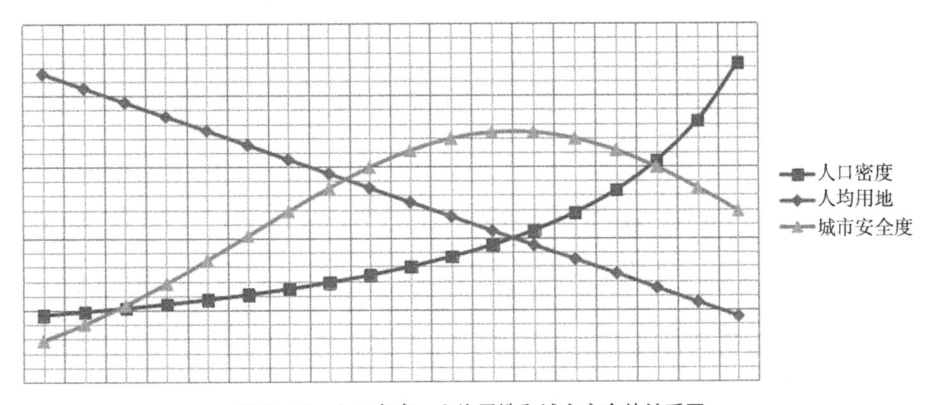

图 6-12　人口密度、人均用地和城市安全的关系图

可见，城市人均用地和人口密度应该存在着一个最佳区间，这个区间能保证城市安全度在合理的范围浮动（图 6-12）。这个区间需要通过大量的经验数据来寻找，但又会受制于城市所处自然环境和经济发展水平等相关因素。我国最新发布的《城市用地分类与规划建设用地标准》（表 6-1）中就针对城市的气候区划以及城市规模给出了一系列可选择的人均城市建设用地规模取值区间。这些区间应该基本上是能反映城市安全度较高的合理区间。

规划人均城市建设用地指标（m²/人） 表 6-1

气候区	现状人均城市建设用地规模	规划人均城市建设用地规模取值区间	允许调整幅度		
			规划人口规模≤20.0万人	规划人口规模20.1万～50.0万人	规划人口规模>50.0万人
Ⅰ、Ⅱ、Ⅵ、Ⅶ	≤65.0	65.0～85.0	>0.0	>0.0	>0.0
	65.1～75.0	65.0～95.0	+0.1～+20.0	+0.1～+20.0	+0.1～+20.0
	75.1～85.0	75.0～105.0	+0.1～+20.0	+0.1～+20.0	+0.1～+15.0
	85.1～95.0	80.0～110.0	+0.1～+20.0	−5.0～+20.0	−5.0～+15.0
	95.1～105.0	90.0～110.0	−5.0～+15.0	−10.0～+15.0	−10.0～+10.0
	105.1～115.0	95.0～115.0	−10.0～−0.1	−15.0～−0.1	−20.0～−0.1
	>115.0	≤115.0	<0.0	<0.0	<0.0
Ⅲ、Ⅳ、Ⅴ	≤65.0	65.0～85.0	>0.0	>0.0	>0.0
	65.1～75.0	65.0～95.0	+0.1～+20.0	+0.1～20.0	+0.1～+20.0
	75.1～85.0	75.0～100.0	−5.0～+20.0	−5.0～+20.0	−5.0～+15.0
	85.1～95.0	80.0～105.0	−10.0～+15.0	−10.0～+15.0	−10.0～+10.0
	95.1～105.0	85.0～105.0	−15.0～+10.0	−15.0～+10.0	−15.0～+5.0
	105.1～115.0	90.0～110.0	−20.0～−0.1	−20.0～−0.1	−25.0～−5.0
	>115.0	≤110.0	<0.0	<0.0	<0.0

资料来源:《城市用地分类与规划建设用地标准》GB 50137—2011。

根据《城市用地分类与规划建设用地标准》GB 50137—2011，除首都以外的现有城市的规划人均城市建设用地指标，应根据现状人均城市建设用地规模、城市所在的气候分区以及规划人口规模，按表 6-1 的规定综合确定。所采用的规划人均城市建设用地指标应同时符合表中规划人均城市建设用地规模取值区间和允许调整幅度双因子的限制要求。边远地区、少数民族地区以及部分山地城市、人口较少的工矿业城市、风景旅游城市等具有特殊情况的城市，应专门论证确定规划人均城市建设用地指标，且上限不得大于 150.0m²/人。但这些人均建设用地的取值区间因城市的现状而变化，并不具有可比性，在没有找到人均建设用地与城市安全度的直接对应关系前，可以先考察城市各类单项建设用地的人均用地指标。按照各类功能需要来配置各类功能的用地的量，应该是比较具有科学性的。

根据《城市用地分类与规划建设用地标准》GBJ 137—1990，在编制和修订城市总体规划时，居住、工业、道路广场和绿地四大类主要用地的规划人均单项用地指标应符合表 6-2 的规定。

规划人均单项建设用地指标（旧标准）　　表 6-2

类别名称	用地指标（m^2/ 人）
居住用地	18.0 ~ 28.0
工业用地	10.0 ~ 25.0
道路广场用地	7.0 ~ 15.0
绿地	≥ 9.0
其中：公共绿地	≥ 7.0

资料来源：《城市用地分类与规划建设用地标准》GBJ 137—1990。

根据《城市用地分类与规划建设用地标准》GB 50137—2011，规划人均居住用地指标应符合表 6-3 的规定；规划人均公共管理与公共服务用地面积不应小于 5.5m^2/ 人；规划人均道路与交通设施用地面积不应小于 12.0m^2/ 人；规划人均绿地与广场面积不应小于 10.0m^2/ 人，其中人均公园绿地面积不应小于 8.0m^2/ 人。综合以上标准，笔者绘制了规划人均单项城市建设用地指标（新标准）一览表（表 6-4）。

人均居住用地面积指标（m^2/ 人）　　表 6-3

建筑气候区划	Ⅰ、Ⅱ、Ⅵ、Ⅶ气候区	Ⅲ、Ⅳ、Ⅴ气候区
人均居住用地面积	28.0 ~ 38.0	23.0 ~ 36.0

资料来源：《城市用地分类与规划建设用地标准》GB 50137—2011。

规划人均单项建设用地指标（新标准）　　表 6-4

用地名称		用地指标（m^2/ 人）
居住用地	Ⅰ、Ⅱ、Ⅵ、Ⅶ气候区	28.0 ~ 38.0
	Ⅲ、Ⅳ、Ⅴ气候区	23.0 ~ 36.0

续表

用地名称	用地指标（m^2/人）
公共管理与公共服务设施用地	≥ 5.5
道路与交通设施用地	≥ 12.0
绿地与广场用地	≥ 10.0
其中：公园绿地	≥ 8.0

资料来源：笔者根据《城市用地分类与规划建设用地标准》GB 50137—2011 绘制。

因此，人均用地结构安全优化主要考虑主要单项人均建设用地是否符合标准，从而判断城市各类功能用地是否满足整个城市人口的需求。各类单项人均建设用地具有一定的结构关系，是此消彼长的，其中一类人均用地指标的偏高，一般会引起其他人均用地指标的减少，偏离值越大的，越不安全。

2. 用地比例

用地比例结构主要指各类性质用地之间的数量比例关系，即各类用地在总用地中占多少比例。不同种类的城市建设（也包括非建设状态）限定了不同的城市用地性质，而不同性质之间用地的数量和分布关系在一定程度上反映了城市中各项行为的进行情况及相互关系，因而对于城市建设用地结构的考察具有重要意义。从城市运行的和谐要求出发，不同的城市行为之间需要保持一定的数量关系，这种数量关系可分两个层次理解：第一个层次是城市需要保持一定规模的人口集聚，其生活、就业、娱乐、交通等职能行为之间存在内在的数量关系；第二个层次是特定的城市都有其特定的主导职能，从而带来特定的行为数量较多，比如工业基地城市的工业生产行为较多，而交通枢纽城市的交通行为较多，相应的用地需求也较多。从这两个层次理解，城市内的各种行为之间存在着内在的比例关系，决定了其占据的各类用地之间也存在内在的比例关系。并且，存在一个最佳的比例关系点，在该点处，城市的各项行为与各类用地的比例关系达到最佳，所有的用地都得到最有效利用，所有的行为都获得最适宜的行为空间，这是一种比较理想的状态，也是城市规划进行用地安排的最终归宿。这种城市行为和城市用地之间的比例关系，构成了城市空间结构的根基，其优化水平不一定直接反映在某些具体特征上，却对城市空间结构的安全水平起着至关重要的作用。现实中的城市，常常很难得到这种理想状态，而存在某种用地特别多或者特别少的情况，可能导致许多不利的安全隐患。比如工业用地比例过高常会导致城市环境质量差和存在较多安全隐患；居住用地比例过高可能会导致城市就业无法解决而产生社会动荡；公共设施用地比例过高可能会导致能源浪费和存在较多人为灾害隐患。因而城市用地结构的比例协调也是安全城市空间格局的基本要求之一。用地比例反映了不同城市功能用地的空间数量关系（表 6-5、表 6-6）。

规划城市建设用地结构（旧标准）　　表 6-5

用地名称	占城市建设用地比例（%）
居住用地	20.0 ~ 32.0
工业用地	15.0 ~ 25.0
道路广场用地	8.0 ~ 15.0
绿地	8.0 ~ 15.0

资料来源：《城市用地分类与规划建设用地标准》GBJ 137—1990。

规划城市建设用地结构（新标准）　　表 6-6

用地名称	占城市建设用地比例（%）
居住用地	25.0 ~ 40.0
公共管理与公共服务设施用地	5.0 ~ 8.0
工业用地	15.0 ~ 30.0
道路与交通设施用地	10.0 ~ 25.0
绿地与广场用地	10.0 ~ 15.0

资料来源：《城市用地分类与规划建设用地标准》GB 50137—2011。

因此，用地比例结构安全优化主要考虑城市用地结构是否符合标准，从而判断城市各类功能用地比例是否满足需求。各类用地比例具有一定的结构关系，是此消彼长的，其中一类用地指标的偏高，一般会引起其他用地指标的减少，偏离值越大的，越不安全。

6.1.2 城市空间结构安全优化策略

城市空间结构安全优化包括布局结构优化、压力结构安全、数量结构合理三个方面。从城市宏观层次来看，布局结构的优化会直接影响压力结构和数量结构，因此本节主要研究布局结构的安全优化策略。

6.1.2.1 路网结构优化策略

城市道路布局形态和城市防灾减灾能力是相辅相成的。顺畅的道路网系统是保证发生灾害时安全疏散的必要条件。方格网式道路网在发生城市灾害时，平行道路有利于交通分散，便于灵活地组织交通；但是对角线方向的交通联系不便，增加了部分车辆的绕行，不利于城市的综合减灾；环形放射式道路网将城市外围交通引入城市中心区域，城市中心区建筑、人口密度大，交通压力也大，发生城市灾害时不利于城市中心区的人口疏散；我国青岛、重庆等山区和丘陵地区的一些城市较常采用自由式道路网，这种布局形式与地形等自然条件相结合，布局灵活，能形成较为顺畅的道路交通，这对城市综合防灾减灾是十分必要的；我国大多数大城市都采用环形放射加方格网混合式路网布局，这种布局方式能充分发挥各种形式路网的优势，扬长避短，提高道路交通能力，最大可能地解决城市交通问题。

6.1.2.2 用地布局优化策略

随着城市化的发展，城市将进一步扩大用地规模。如何科学地选择城市发展用地以及规划合理的城市用地布局与城市的防灾安全度密切相关。

1. 科学选择发展用地

在选择城乡发展建设用地时要严格按照《城乡规划法》的要求充分考虑风险避让，对城市中地下水超采、洪涝调蓄、水土流失与地质灾害、地震断裂带等不利因素进行避让，划定禁止建设区、限制建设区和适宜建设区的界面，以科学安排城乡建设用地。

从城市区域的角度考虑新城区建设用地的选择，要研究城镇体系内的城市灾害隐患特点，力求使城市发展用地的选择有利于区域整体的防灾减灾。例如，太湖流域的治水必须从区域入手才有可能防治。深入研究可供选择的城市发展用地的防灾（坍塌、滑坡、泥石流等）条件，避开那些有潜在灾害隐患的区域，不能为了某种经济利益和城市格局，而忽视灾害问题。

在对现有旧城区的用地条件和安全隐患进行全面分析的基础上，在新城区的开发中应补充旧城区对新型灾害的应对能力，在用地条件和开发潜力方面加强协调性，同时，在新城区的发展用地范围内应预留有足够的储备用地，以便在发生突发性事件时进行临时建设之用。使新旧城区用地在预防城市灾害方面能够统一布局、一体管理、设施共享，做到城市整体的防灾。

2. 合理安排用地布局

城市总体布局要有利于城市整体安全。在城市总体布局中，要十分注意保护城市地区范围内的生态平衡，力求避免或减少由于城市开发建设而带来的自然环境的生态失衡。

慎重地安排污染严重的工厂企业的位置，防止工业生产与交通运输所产生的废气污染与噪声干扰；注意按照卫生防护的要求，在居住区与工业区、对外交通设施之间设置防护林带；认真地选择城市水源地和污染物排放及处理场地的位置，防止天然水体和地下水源遭受污染。

6.1.2.3　危险区位优化策略

城市中重大危险源的布局对于城市安全的影响很大，而且，危险源的种类和数量非常庞大，给调查工作带来了一定困难；但是仍然不能忽视此类问题的严重性。在危险区位优化时，需要重点考虑的问题有两个方面，一是危险源本身的安全防灾问题，二是危险源周边地区的设施和居民的安全问题。

城市危险源可能引发的灾害类型包括火灾、爆炸、放射性污染、剧毒或强腐蚀性物质大量泄露、疫情和其他次生灾害。

严格控制新建化工企业的数量，对已有的危险源企业应设置安全防护隔离带，达到安全要求；结合行业未来发展规划，制订搬迁计划，对一些有重大影响的企业进行搬迁等。

对现有危险源布局的优化，通过保留改造无污染和火灾危险的都市型工业，迁移主城内化工生产和储藏企业，降低危险源对城市的不利影响，列出主要外迁危险源名单；加强新建危险源的选址论证，新建危险源应集中布局到相应的集中区，难以在集中区布局的应协调好与周边用地的关系，远离人口集中区，有利于将危险限定在特定范围的自然和人工条件。

加强防火隔离带安全布局从两方面进行：化工集中区或保留的化工生产及仓储企业的防火隔离带，按照不同类别企业的火灾影响范围分析结论及相应的国家规范，取其较大值布置隔离带；在隔离带内不得建设居住、医疗、教育、商贸等对火灾敏感的建筑或设施。按照防灾分区，设置组团防灾带和街区防灾带。

6.1.3 城市空间结构安全优化模式

城市空间结构安全优化模式的提出是在分系统的城市空间结构安全优化结论基础上，进行协调整合，突出问题关键的概念化表达方式。在城市地理学科的城市空间结构研究领域，提出有不同侧重的安全城市空间结构模式，可以借鉴其研究概括方法。

日本学者村桥正武认为建设防灾性城市形态结构应考虑以下几个问题：将城市功能分散到各个地区；空间设计和设施设计应留有余地；各地区应自成体系；形成具有多重性、高度网络化的城市结构。[1]

英国学者 Hildebrand Fraey 在其 1999 年出版的 *Designing the City: Towards a More Sustainable Urban Form* 中详细论述了可持续发展的城市形态。他认为，各种城市模式的关键区别不是人口密度，而是建成区分离或集中的程度，是否易于到达开敞空间，以及服务和设施的分散化程度等。Fraey 还认为，当城市发展到一定程度时，多中心网络型城市是最合适的城市模式[2]。顾朝林等认为“封闭的单中心城市结构已不能适宜城市发展的需要，开敞式、多中心组团式布局结构正给城市空间结构增长带来新的生命力”[3]。

通过前文对于三种城市空间结构容积率与安全压力的关系研究得知：保持一定的平均容积率网络型的空间结构的安全水平优于多中心的空间结构，多中心的空间结构又优于单中心的空间结构。在城市面对巨灾的防灾和迅速恢复的时候多中心网络型城市空间结构具有重要的意义。同时多中心网络型城

[1] 村桥正武. 关于神户市城市结构及城市核心的形成 [J]. 朱青，译. 国际城市规划，1996（4）：16-20.

[2] 马强. 走向“精明增长”[M]. 北京：中国建筑工业出版社，2007：49.

[3] 顾朝林，甄峰，张京祥. 集聚与扩散：城市空间结构新论 [M]. 南京：东南大学出版社，2000.

市空间结构也有利于城市多目标的实现，有利于城市的可持续发展。

城市多中心网络型空间结构的形成可以通过“间隙式”和“轴网式”两种安全优化模式实现。“间隙式”安全优化模式适宜于城市有较多开放空间的情况，而“轴网式”安全优化模式则用于较密集的城市形态。

6.1.3.1　间隙式安全优化

间隙式的城市空间结构是指在保持城市空间高密度集约用地的同时，保留一些非建设的空间，在区域范围内表现为串珠式的跳跃型空间发展，在城市内部体现为建成区与农田、森林、绿化等生态绿地或开敞空间间隔相嵌的空间肌理。如卫星城星状、组团式、分块分区指状等。建立间隙式的城市空间结构将在城市的整体形态上建立一个战略性的有利于城市防灾减灾的空间结构。

第一，在当前的快速城市化进程中，间隙式的城市空间结构可以根据城市的发展方向、地理条件和自然资源等在城市内设置非建设性用地，防止城市空间无序蔓延，从而提高城市功能的运作效率。

第二，建立间隙式空间结构可以在城市各功能区之间的间隙中设置绿地、公园、水面等生态型过渡空间。这些生态型过渡空间可以改善城市生态环境，当发生灾害时，也可以用作局部区域隔离和疏散的场地。

第三，间隙式空间结构可以和城市的防灾分区很好地结合起来，使各功能区之间既有相对独立性又方便联系，这样将有利于城市防灾管治，能够更有效地控制灾害的扩散。

第四，间隙式城市空间结构有利于城市整体均衡发展，避免出现空间结构的极化现象，有利于减少和分解各种社会矛盾，有利于资源分配的均好性，减少社会灾害隐患。

6.1.3.2　轴网式安全优化

“轴网式”主要是通过拓宽道路宽度，沿街建筑的不燃化，以及结合河道和道路绿化，将城市空间分割成各自独立的空间单元，对城市用地进行强制式的安全分区。

汶川大地震后，由同济大学编制完成的“都江堰重建规划”在抗灾空间系统规划中综合应用了以上两种安全优化模式。都江堰城区三级抗灾空间体系的建立是在对原规划进行抗灾布局梳理和完善的基础上进行的。城市抗灾的主通道和避难的主场所除了包括城市的主要放射性主次干道和主要城市公园外，沿四条内江分支的河渠及其两侧也成为城区抗灾和避难的主通道和重要场所。在四条河渠之间的指状片区内，通过联系道路以及与河渠两侧开放空间直接连通的片区和组团绿地，建立了两级枝状延伸的抗灾空间系统，将汇集避难人群和运送救灾物资的通道深入到人口密集的组团内部。同时，城市的道路网密度也需要增加。从提高城市抗灾能力的角度，增加道路网密度、减小街坊规模是增加疏散通道和降低灾害人员伤亡的有效途径。在都江堰城区重建规划中，在重建区域内采用小街坊的模式，设想把道路网间距控制在150m左右，从而更进一步降低了抗灾的脆弱性（图6-13）。

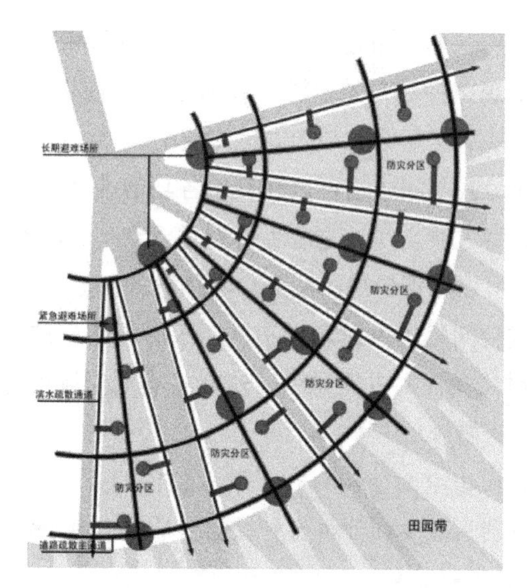

图6–13　都江堰重建规划城市防灾空间格局
（资料来源：《都江堰市灾后重建总体规划（2008—2028年）》）

6.2　城市安全空间要素优化

系统由元素组成，而要素就是指特别重要的元素。城市中的各项要素及与城市相关的各类要素之间存在着多维的、多层次的、非线性的相互制约关系，只有通过对这些要素及相互关系的全面认识，才能真正认识城市现象，而城市规划也正是以此为起点而逐步展开的。[1] 笔者从空间元素对城市安全的影响角度，分析提炼安全城市空间格局的要素，包括防御要素和应急要素，并对各要素的安全空间因子分别提出空间优化内涵、优化原则、优化策略和优化方法。

6.2.1　城市安全空间要素优化内涵

城市安全空间要素，是指城市中与城市安全密切相关的功能空间，是具有防灾应急功能的城市物质空间。城市安全空间要素可以按空间性质、空间内容、空间区位、空间形态以及空间功能进行分类：

（1）按空间自然和人工性质的不同城市安全空间可划分为自然安全空间环境和人工安全空间环境。

（2）按空间内容的不同城市安全空间可划分为开放空间和设施空间。

（3）根据安全空间在城市中的位置和地位划分，可以分为城市级、区级、社区级。

本书的研究是从城市安全空间要素的主动应灾角度来分析其空间特性，所以本节着重按空间功能和空间形态进行分类研究。

按空间的功能利用可以将城市安全空间划分为灾害防御空间和灾害应急空间（表 6-7）。

以主要功能划分的城市安全空间的分类　　　　**表 6-7**

类别		举例
灾害防御空间	基础设施空间	电力、电信、燃气、供热、给水、排水等设施空间
	防护隔离空间	防护林带、防护绿地、滨水堤岸、大型道路
	韧性滞灾空间	生态保护区、城市大型绿地、城市水体空间及湿地
灾害应急空间	应急避难空间	避难广场、公园、地下室等空间
	应急交通空间	应急救援通道、疏散通道
	应急设施空间	指挥空间、医疗卫生空间、外援中转空间、消防治安空间等

[1] 孙施文. 城市规划哲学 [M]. 北京：中国建筑工业出版社，1997：68.

6.2.1.1　灾害防御空间优化

灾害防御空间是指用来进行灾害防护或对灾害的发生能够直接、间接起到防御作用的空间，可以分为韧性滞灾空间、防护隔离空间和基础设施空间。

1. 韧性滞灾空间

韧性滞灾空间主要是指能够起到自我生态修复和滞灾应灾作用的城市森林、水域和绿地空间，又可以简称“弹性空间”，包括生态韧性空间和绿化滞灾空间。

1）生态韧性空间

生态韧性空间指具有较强的抗冲击能力的城市生态空间。如城市森林、大面积水体等，不仅能够消解较多的环境污染，还能够起缓冲生态灾害的作用。在安全城市空间格局中，这些因素应得到积极的保护和发扬。靳芳等将森林的生态服务功能价值总结为涵养水源价值、保育土壤价值、固碳制氧价值、净化空气价值、保护生物多样性价值、森林景观与游憩价值。[1]庄大昌总结水域的价值一般包括动植物产品价值、科考旅游价值、供水与蓄水价值、调节气候价值、调蓄洪水价值、净化水质价值、生物多样性价值、存在价值和遗产价值。[2]生态韧性空间的对策，主要是保持和发扬两个方面。保持的概念，在于对城市中既有的生态韧性空间（如森林、水域等），应尽量保持其不被城市建设所占用。改革开放后，大量的城市建设侵占了大量的城市原有的生态韧性空间，从而带来城市安全水平的恶化。典型的案例如江浙地区的水网城市里原有的水网格局被侵蚀过多，导致城市内部排水不畅，产生从未有过的内涝。发扬的概念，在于对既有的生态韧性空间，应积极进行生态内涵的提升，包括物种保护、绿化培育、水源保持等，提高其生态积极效应。同时在新建设城区，应积极建构新的生态韧性空间，比如建设上规模的城市绿地或者进行河道清淤，完善城市生态韧性空间的系统。

2）绿化滞灾空间

城市绿化滞灾空间是城市中仅有的保持自然土壤地面的空间，在净化空

---

❶ 靳芳，张振明，余新晓，等. 甘肃祁连山森林生态系统服务功能及价值评估 [J]. 中国水土保持科学，2005（1）：53-57.

❷ 庄大昌. 洞庭湖湿地生态系统服务功能价值评估 [J]. 经济地理，2004（3）：391-394，432.

气、保持水土、保持地面透气性、美化环境、改善城市小气候、防风、滞沙等方面发挥着非常重要的积极作用。从城市安全角度，城市绿化滞灾空间同时起着滞灾缓冲和生态恢复的作用。适当规模的城市绿化滞灾空间以适当的格局分布，对于城市安全具有非常重要的积极意义。韧性滞灾空间应形成一个有机的生态网络。一方面，当发生灾害时它可以成为局部区域封闭隔离的天然屏障；另一方面，这个绿色的空间网络将成为城市的绿肺，有利于自然通风、日照和居民户外活动，减少热岛和雨岛等现象，减少病毒传染的可能性。据香港建筑学家研究，香港陶大花园某区爆发大规模 SARS 疫情和该区建筑过密而形成的“风闸效应”直接相关。

2. 防护隔离空间

很多城市灾害如火灾、洪水、风灾、传染病等都需要隔离空间来阻断其蔓延，在现代城市空间布局日益密集的情况下，这种隔离空间的设置不是见缝插针式的，应该成为相互联通的整体。

在综合防灾分区之间，社区防灾单元之间设置防灾分隔可以防止灾害的旁延、扩散，有效地减少灾害损失。空间分隔的方法也多种多样，可分为实分隔与虚分隔。

1）实分隔

实分隔指利用建筑物或构造物实体进行分隔。如在建筑密度较高的旧城利用成片布置的耐火等级高的多层或高层建筑在防火分区外围形成屏障，阻止火灾的延烧；在具有古城墙的历史城市利用旧有城墙作为防洪、防火的分隔；在水网城市利用封闭的堤坝进行防洪分隔。如位于太湖流域下游的古城苏州是典型的河网城市，市区内河道纵横交错，老城内主要有“三纵三横”骨干水系和支流，城市防洪、排水规划根据各地段不同的地面标高、水情，将老城划分为 13 个区，每个区防洪堤防自行封闭。

2）虚分隔

虚分隔指利用城市开敞空间进行分隔，即具有一定宽度的道路、广场、水系、绿地及城市闲置用地等。针对不同的灾害，应该制定不同的分隔标准。如对于防火，这类分隔空间应该有足够的宽度（至少 10m 以上），以防止火焰辐射，建筑物的间距空间也应满足我国有关消防规范的要求。与实分隔相比，虚分隔既经济又美观，常常能缓和人们的紧张心理。

3. 基础设施空间

在英文中，“基础设施（infrastructure）”是下面三种意思的综合。首先，它包括灾害研究者所称的“生命线（life lines）”：交通、供水、污水处理、运输、通信、电力、天然气和石油输送系统，有时也包括健康看护系统和应急回应系统；其次，它包括经济部门，例如国防工业基地，农业和食品加工工业；再次，它包括部分或全部的设施（facilities），强调那些作为生命线系统结点的结构。[1]

本书空间安全优化的对象主要是指狭义的与城市安全密切相关的“基础设施”即“生命线系统”：指供水、供电、医疗、交通、通信等保证城市基本运转最必要设施的系统，这个系统也是在灾害状态下首先需要保证安全的系统。这个系统保证了非常状态下城市的基本运转和减灾救灾工作的顺利进行，所涉及的设施需要在城市正常防灾水平上提高设防等级标准，以保证非常状态下仍能使用。其中，供水是保证居民日常用水的必需，供电则保证了基本的生活照明和救灾用能源，医疗则是为了应对灾害状态下伤病员的救治需要，交通系统保证了救灾减灾物资的畅通以及人们的安全撤离，通信系统对发挥这一系统的功能和保证非常状态下的稳定团结和消息通畅具有重大作用。

6.2.1.2　灾害应急空间优化

灾害应急空间是指在灾害发生时用于进行灾害救援的各类重要设施和空间。灾害应急空间包括应急避难空间、应急交通空间和应急设施空间三类空间。

1. 应急避难空间

防灾避难场所（Disasters Emergency Shelter）为应对突发性灾害，指定用于避难人员集中进行救援和避难生活，经规划设计配置应急工程设施、有一定规模的场地和按照应急避难要求建设的建筑工程，简称避难场所[2]。避难场所是灾害发生时把居民从灾害程度高的住所或活动场所紧急撤离、集结到预

[1] STERNBERG E，GEORGE C L. Meeting the Challenge of Facility Protection for Homeland Security[J]. Homeland Security and Emergency Management，2006，3（1）：1-19.

[2] 参考《防灾避难场所设计规范》GB 51143—2015。

定的比较安全的场所。避难场所主要包括公园、广场、操场、停车场、空地、各类绿地和体育场馆等城市公共开敞空间及设防等级高的建筑。避难场所是城市防救灾避难圈的中心，主要有六点功能：避难、获得救护资源、灾情传达、救灾指挥基地、临时医护所、救灾物资发放据点。

当发生突发性城市灾害时，需要对居民进行有组织的疏散和避难，从避难者的角度，避难空间可以分为两种类型，一为避难场所，满足民众在灾难时紧急临时的避难需要，通常为民众居住地周边的道路、空地及开放空间；另一种为临时及中长期收容场所，主要提供大面积的室内外空间进行灾难发生后的人员安置，并能够满足灾后城市恢复重建阶段避难生活的需要。城市避难空间可分为四个层次，分别对应不同的避难人员可停留时间的长短，也对应了灾害发生后不同时序中所扮演之角色。

在规划各项物资、设施或设备数量之前，必须先估算各避难阶段可能的避难收容人口数。估算各阶段可能避难、收容人数，应先了解需要进入据点灾民的原因。中国台湾“9·21”大地震及日本阪神淡路大地震资料显示，原因有住宅倒塌、火灾、心理不安、维生管线受损等。而原因又需要视灾情程度、地域特性、地区防救灾能量的不同来区分，例如以震后火灾而言，日本阪神大地震灾情较中国台湾“9·21”大地震严重许多，因为“9·21”大地震所发生区域的瓦斯管线不如日本密集，且时间点也不同，因此评估任何原因前，必须考虑地区特性。

2. 应急交通空间

应急交通空间是指为灾害发生时所产生的交通流提供灾害防救路线的道路交通空间，是连接疏散避难空间、指挥救护空间、外援与物资集散空间的重要桥梁，在灾害发生时能在各功能空间之间充分发挥联系作用。道路空间的主要功能是运输和疏散，这一点也是防灾救灾所必需的。在重灾发生后，城市道路被破坏或被堵塞，是城市陷于瘫痪的主要原因之一，因此城市防救灾通道系统要求留有足够的宽度以保证灾时的通畅。城市防救灾通道系统的建立就是依据现有城市道路资源，进行比较与优化，选择合适的道路加以强化与整顿，并采用地上与地下空间相结合，水、陆、空相结合的原则进行规划，形成完善的、立体的救援交通体系。

应急通道主要用于灾时救援力量和救援物资的输送、受伤和避难人员的转移疏散，需要保证灾后通行能力，按照灾后疏散救援通行需求分析，分紧急避难通道、紧急疏散通道、紧急救援通道三类：紧急避难通道——灾害发生时，第一时间（一般5min）到达最近的紧急避难场所需要途经的通道；紧急疏散通道——灾害发生后，从紧急避难场所转移至临时避难场所途经的通道；紧急救援通道——城市内部救援及外部驰援所途经的通道，以交通干道、快速路为主。

3. 应急设施空间

考虑灾害发生后对灾害进行有效控制、减少灾害损失和恢复重建的需要，防灾设施发挥着重要作用，主要包括医疗、物资、消防、警察等几种类型，对应灾害的不同阶段、不同空间层次，功能设施的形式会不同。

指挥空间是指预留分配专门用于灾害发生时满足救援指挥功能的空间；医疗卫生空间指预留分配用于灾后伤员救护以及进行公共卫生处理的空间；物资空间是指外援进行集散与转移的空间，分为救援人员与救援物资的中转空间；消防治安空间是灾时提供消防安全与社会治安维护的空间。

多样性是应急设施优化的重要原则。城市的重要功能应由多种设施加以保障。日本的中央灾害通信系统构成就是一个典型的例子。考虑到流量太大或者灾害导致的破坏引起公共电话线路被堵塞，日本内阁办公室为了保障指定部门和公共组织之间的通信，准备了中央灾害管理无线通信系统。另外，还准备了固定的电话和传真热线通信网络，一个能够传输可视数据的线路被准备用来接收通过直升机等获得的图像，使得远程会议能够举行。一个利用卫星通信线路的通信系统也已经被建设作为地面通信网络的补充。

同类设施的冗余配置和小型化也有利于安全的保障。设施安全的一个重要原则就是要减少处于危险中的重要元素的集中：由一个中心设施提供的服务同那些由几个小一点的设施提供的服务相比总是更加危险。[1]

重要设施的平灾结合不仅从经济上是有利的，同时由于日常的使用和维护，在应急保障方面也更加可靠。不同于北京小汤山医院为有效控制“非典”

---

[1] BETHKE L，GOOD J，THOMPSON P. Building Capacities for Risk Reduction[M]. UN Disaster Management Training Programme，1997：24.

所采取的临时应急建设的模式，“上海市公共卫生中心”是一所融传染病隔离、治疗及科研为一体的医疗卫生中心。它既是上海城市公共安全系统的一个重要组成部分，又是完善上海市医疗卫生体系的一个重要项目，将平时功能与灾时功能结合起来。

6.2.2　城市安全空间要素优化策略

6.2.2.1　韧性滞灾空间优化策略

城市韧性滞灾空间优化策略分两个方面：适当规模和合理分布。对于规模的考虑，是因为绿化滞灾空间必须达到一定的规模才能够发挥比较明显的积极作用，当一个城市的绿化滞灾空间比例过低的时候，整个城市会显得缺乏绿色、没有生气，潜在的灾害危险会较高。对于适当分布的考虑，是因为绿化滞灾空间必须均衡地分布在城市的各个片区，才能够对城市的全局形成积极影响，单个集中的绿化滞灾空间的积极效果可能会被减弱，而均衡分布的绿化滞灾空间系统的积极效果可能会得到加强。

6.2.2.2　防护隔离空间优化策略

根据城市防灾分区级别设置分区层次的隔离、社区层次的隔离，不同级别的隔离空间形式与规模均有所不同。分区隔离可依托城市大型道路、河流、建筑群等，如对城市 CBD 区域外围建筑进行不燃化建设，并沿建筑及道路设置外围开放空间，与建筑一起组成该区域的隔离空间。社区层次的隔离根据社区规模与街区形状划设，可利用道路、停车场、公园等空间作为隔离空间，其规模应与社区人口相适应。城市生命线工程中的能源设施用地（如水厂、电厂等）应分散布局，并应与别的功能区之间设有足够的安全隔离区域。同时，可将“实”隔离和“虚”隔离统筹考虑，“虚实结合”。

6.2.2.3　基础设施空间优化策略

与城市安全密切相关的城市基础设施可以称作为城市生命线系统。城市生命线系统包括交通、能源、通信、给水排水等城市基础设施，是城市的“血液循环系统”和“免疫系统”。城市生命线系统有其自身的规划布局原则，但由于与城市防灾关系密切，其防灾的要求应特别强调。对于城市生命线系统，一般都应具有较普通建、构筑物高的防灾能力。城市生命线系统优化策略包括提高设施的设防标准、提倡设施建设地下化、提升设施节点可靠度、提升设施故障备用率和提升设施网络可靠性五个方面。

1. 提高设施的设防标准

一般情况下，城市生命线系统都采用较高的标准进行设防。如广播电视和邮电通信建筑，一般都为甲类或乙类抗震设防建筑，而交通运输建筑、能源建筑，都应为乙类建筑；高速公路和一级公路路基，都应按百年一遇洪水设防；城市重要的市话局和电信枢纽，防洪标准为百年一遇；大型火电厂的设防标准为百年一遇或超百年一遇。各项规范中关于城市生命线系统的设防标准普遍高于一般建筑，而我们在城市规划设计中也要充分考虑这些设施的较高设防要求，将其布局在较为安全的地带。

2. 提倡设施建设地下化

城市生命线系统的地下化，被证明是一种有效的防灾手段。生命线系统地下化后，可以不受地面火灾和强风的影响，减少战争时的受损程度，减轻地震的作用，并为城市提供部分避灾空间。地铁和地下车库、地下人行通道等交通设施的作用，已在人防工程中有了较详细的介绍。通信、能源、给水设施和管线的地下化，也大大提高了它们的可靠度。城市市政管网综合汇集，城市管线共同沟通后，能够方便地进行维护和保养。城市生命线系统地下化是城市防灾的一项重要工作。

当然，地下生命线系统也有其自身的防灾要求，较为棘手的有防洪、防火问题。另外，由于地下敷设管网与建设设施的成本较高，一些城市在短期内难以做到。

3. 提升设施节点可靠度

城市生命线系统的一些节点，如交通线的桥梁、隧道，管线的接口，都必须进行重点防灾处理。高速公路和一级公路的特大桥，其防洪标准应达到300年一遇；在震区预应力混凝土给水排水管道应采用柔性接口；燃气、供热设施的管道出、入口处，均应设置阀门，以便在灾情发生时，及时切断气源和热源；各种控制室和主要信号室，防灾标准又较一般设施提高。可见节点防灾处理对生命线系统防灾的重要性。对于生命线工程网络系统而言，合理分析和评估其带有网络特征的节点可靠度，比只研究单体可靠度更具实际意义。基于数据包络分析法（Data Envelopment Analysis，DEA）有效性分析的思想，可提出生命线网络节点抗灾相对可靠度的概念。从生命线工程在灾害环境下着重体现出的系统性和网络性出发，考察网络中的节点所能实现的资源供给功能与其所在网络中的空间结构重要性是否匹配，即功能性相对于结构性的可靠度。选择节点资源实际需求量和管内水压作为DEA有效性分析的输入参数，结构重要性作为输出参数，并用网络中介中心性评价结构重要性，获得相应参数。相对可靠度可作为评价工程网络系统性能的有益补充[1]。

4. 提升设施故障备用率

要保证城市生命线系统在灾区发生设施部分损毁时，仍保持一定服务能力，就必须保证有充足的备用设施，在灾害发生后投入系统运作，以期至少维持城市最低需求。这种设施备用率应高于平时生命线系统的故障备用率，具体备用水平应根据系统情况、城市灾情预测和城市经济水平决定。

5. 提升设施网络可靠性

生命线工程系统是维系现代城市功能与区域经济功能的基础性工程设施系统，包括能源、通信、给水排水等城市基础设施。国内外震害调查表明，各类生命线工程结构在强震作用下易于遭受破坏，由此导致的工程系统功能损害严重影响了震后的救灾工作和人民的生产生活活动。生命线工程系统通常以网络的形式覆盖某一区域，因此可从网络可靠度的角度来考察生命线系统的抗震性能。网络系统的可靠性不仅与网络单元的抗震性能有关，还与网络的拓扑结构形式紧密相连。分析表明，在许多情况下，优化网络拓扑结构不仅可以有效地提高网络系统的可靠度，而且对于现有系统的改造也同样具有意义。

管网系统是生命线工程网络的重要组成部分。在实际工程中，管网系统往往是一个复杂的大系统，其优化设计往往要考虑多种指标，如服务可靠性、建设经济性、运营经济合理性和抗灾可靠性等。理论上，人们希望设计的管网系统所有性能指标都能达到最优，但是优化目标越多，对应的优化模型就

[1] 袁永博，张明媛，双晴. 基于DEA分析的生命线网络节点抗灾相对可靠度评估[J]. 防灾减灾工程学报，2011，31（4）：403-407.

越复杂。事实上，不同的指标往往可能导致不一致的甚至是互相矛盾的结果。例如，造价上较为经济的枝状管网，其管网服务可靠性和抗灾可靠性均要小于经济性稍差的环状管网[1]。

城市生命线尤其在自然灾害时易损，并影响广大地区。网络系统比单个结构更加易受破坏，因为大量分布的元素中的任何一个失效，整个网络的功能就可能明显地丧失或减少。总之，网络系统扩展得越大，各个层次的打断导致的易损性就越大。

网络可靠度的提高也牵涉选择多样性的提供。要有多个供给源，供给线路也要有多种选择机会。例如，城市供热管网按照热源与管网的关系可分为区域网络式与统一网络式两种形式。前者为单一热源与供热网络相连；后者为多个热源与网络相连，较前者具有更高的可靠性，但系统复杂。在平面布局上来看，城市供热管网又可以分为枝状管网与环状管网，后者可靠性较强[2]。

唐山在灾后重建中生命线系统的规划很好地体现了这些原则。在交通方面确定城市每个方向有两个出入口，加强同邻近城市的联系。供水采用多水源分区环形供水方案，用水量大的企业采用自备水源，尽量保留城市土井等。供电采用多电源环路供电的方法，将京、津、唐四个电站用 22 万伏高压线路并网使用，防止一处电源破坏而全部停电。通信采用有线与无线相结合，机房分开建设的方法利于灾时的通信联络。

生命线系统实行分散化和自立化也有利于其耐灾性。系统的规模越大，破坏后影响的范围就越大，修复越不容易。因此，适当实行小型化、分散化和自立化，对系统的防灾减灾是有利的[3]。

生命线系统的安全可靠性在很大程度上取决于网络的拓扑结构形式。对于大型复杂的生命线工程系统，即使单元结构具有较高的安全可靠度，还是

---

❶ 刘小坛，刘威，李杰. 生命线网络系统抗震拓扑优化的 Benchmark 模型 [J]. 防灾减灾工程学报，2007（3）：258-264.

❷ 谭纵波. 城市规划 [M]. 北京：清华大学出版社，2005：358.

❸ 童林旭. 城市生命线系统的防灾减灾问题——日本阪神大地震生命线震害的启示 [J]. 城市发展研究，2000（3）：8-12，78.

经常会出现丧失服务功能（如断水或断气）的网络节点。通过在必要的位置增设或删除管段使网络系统功能达到最优，是拓扑优化的基本含义。2000年由 Albert 等提出的复杂网络抗毁性研究，开辟了该领域更加广阔的研究前景❶。

6.2.2.4　应急避难场所空间优化策略

城市应急避难空间优化策略包括：避开地质活动带、与城市绿地系统规划相结合、与规划区人口密度相适应、改建与新建相结合和运用 GIS 技术优化布局等。

1. 避开地质活动带

避难场所应避开地震活断层、岩溶塌陷区、矿山采空区和场地容易发生液化的地区以及次生灾害（特别是火灾）源，不在危险地段和不利地段规划建设避难场所。避难场所的选址应保证不会被次生水灾（河流决堤、水库决坝）淹没，不受海啸袭击；地势平坦开阔；北方的避难场所应避开风口。南方应避开烂泥地、低洼地以及沟渠和水塘较多的用地。

2. 与城市绿地系统规划相结合

城市绿地、广场是城市开敞空间的主要组成部分，与城市总体规划及绿地系统规划相结合，可以提高土地的使用效率。城市绿地与避难场所具有功能上的互通性、时间上的互补性。尽量结合绿地系统、景观风貌规划，对符合要求的公园绿地等一定要加以利用改造。运用各种技术手段进行功能和形式的转换，平时正常使用和灾时紧急启用，达到城市绿地与避难场所的平、灾双重要求。

3. 与规划区人口密度相适应

避难场所主要为规划区内的居民服务，因此人口密度是影响选址的重要因素。但往往城市中人口密度大的区域即为各城市的中心区，相应的建筑密度及开发强度也较高。在灾害发生时，要保证大量人口在短时间内疏散，具有很大难度。因此，在规划新的疏散场所时，应考虑在人口密度较大的城市中心区域布置。

---

❶ 谭跃进，吴俊，邓宏钟，等. 复杂网络抗毁性研究综述 [J]. 系统工程，2006，24（10）：1-5.

同时结合城市居住区的建设，以小区内部的绿地和公共活动空间为基础，有利于居民在紧急情况下高效地疏散。根据平灾结合的原则，这些开敞绿地在平时还可作为居民休闲娱乐的去处。

4. 改建与新建相结合

规划的避难场所应主要以现有的城市公园、绿地广场、体育设施、各类院校的露天操场为主，通过对现有资源的改建利用，提高它们的避难能力，不仅可以与现状较好地结合提高空间的利用率，而且避免了很多地区的拆迁、搬迁，减少了投资。对于规划区内不能满足使用需求的，则需要再另外新建避难场所。新建区在选址上应与城市总体规划、城市园林绿地系统规划等相结合，建设具有避难功能的公园、广场等。

5. 运用 GIS 技术优化布局

关于避难空间优化技术方面的研究比较多[1][2]，比较系统的研究专著主要是陈志芬等人所著的《城市应急避难场所选址规划模型与应用》[3]。该书首先依据对避难过程的需求特点分析，概括了应急避难场所的层次结构特征。以此为基础，建立了应急避难场所选址规划过程中的选址布局优化模型、基于数据包络分析方法的规划和运营效率评价模型，以及规划实施的建设进度优化模型，并针对应急避难场所的实际规划特点，提出了一套基于地理信息系统（GIS）的模型应用方法。

6.2.2.5　应急交通空间优化策略

城市应急交通空间优化策略包括：综合设置多种类型的疏散通道、严格建筑后退道路红线的管理、完善城市道路系统、城市出入口多个保证、对外交通枢纽重点防范、城市快速路网加快建设和城市支路网加密完善等。

疏散主要通道两侧的建筑应能保障疏散通道的安全畅通。紧急避难场所内外的疏散通道有效宽度不宜小于 4m，组团避难场所内外的疏散主通道有效宽度不宜小于 7m。与城市出入口、中心避难场所、市政府救灾指挥中心相连

❶ 徐波，关贤军，尤建新. 城市防灾避难空间优化模型 [J]. 土木工程学报，2008（1）：93-98.

❷ 朱佩娟，张洁，肖洪，等. 城市公共绿地的应急避难功能——基于 GIS 的格局优化研究 [J]. 自然灾害学报，2010，19（4）：34-42.

❸ 陈志芬，李强，陈晋. 城市应急避难场所选址规划模型与应用 [M]. 北京：气象出版社，2011.

的救灾主干道不宜小于 15m。

6.2.2.6　应急设施空间优化策略

应急设施空间优化即保证消防、医疗、安保、指挥等设施合理布局和均衡共享，并保证一定的冗余以备不测。

完善应急物资保障系统，建立依托市级中心救灾储备库、周边区分中心储备点（库），以社区防灾应急储备为据点的救灾保障网和适应新城特点的综合救灾物资仓储网络，科学规划储备物资总量和品种，健全灾民救助物资储备制度。政府结合应急避难场所的建设，逐步建立社区的应急物资储备机制，民政、地震、人防、商业、社区、医疗等相关资源整合利用。

6.2.3　城市安全空间要素整合方法

6.2.3.1　城市安全空间要素分区控制

1. 防灾分区基本内涵

城市防灾分区是指从综合防灾的角度出发，将城市规划区按照一定的依据划分成若干分区，各分区之间形成有机联系的空间结构形式，防灾分区有利于城市安全空间要素整合和分配。

防灾分区的主要功能是：明确本分区的范围应防御的灾害和相应的对策措施；布局分区内的防灾空间和设施；明确防止和遏制次生灾害发生和影响的措施；确保基础设施配套正常运行的措施；建立灾后重建的机制。

防灾分区划定的目标可分为三个层次：巨灾——保证救灾，外部救援到达，对外疏散实施；大灾——城市防灾救灾功能实施，防灾应急保障设施维持运转，人员疏散；中灾——城市自救、快速恢复、保障生活。

根据日本和我国台湾的经验，城市防灾生活圈一般划分为邻里、地区和全市防灾生活圈三个层次。邻里生活圈仅拥有基本的防灾机能，提供的中心职能最少，所服务的人口数最少，本身的数量最多；较高等级的地区防灾生活圈拥有比邻里生活圈完整的城市防灾机能，并且需要支持邻里生活圈不足的防灾机能，所服务人口数、本身的数量及其中心职能介于全市防灾生活圈和邻里生活圈之间；而全市防灾生活圈则拥有完整的城市防灾机能，所提供的中心职责最多，需要支持邻里生活圈与地区圈不足的防灾功能，所服务人口数最多，但本身的数量最少。

1）邻里生活圈

一般邻里生活圈是以小学的服务半径为范围，邻里生活圈内除具有防灾避难的学校、小区公园等避难据点外，还具备基本的紧急医疗据点（诊所、卫生所等）及警察指挥据点（派出所、警署），而消防、物资等防灾空间系统则由地区生活圈的防救灾设施提供支持（图 6-14）。

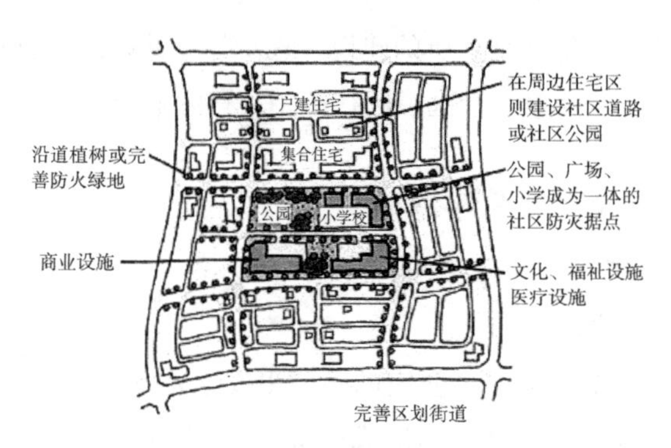

图 6–14　城市社区防灾据点

（资料来源：www.bousai.go.jp/panf/saigaipanf.pdf）

2）地区生活圈

主要是以地区性避难场所作为生活圈的核心，我国台湾和日本的经验选择 2km 为地区生活圈的服务半径。地区生活圈除拥有地区性的避难据点（大学、区域公园、小区公园）外，还拥有消防救灾（消防分局）、警察指挥（警察分局）、医疗救护（地区医院、区域医院及教学医院等）以及物资运送（批发仓储业、物流业等）等防灾空间系统，能够支持邻里生活圈的防灾功能。

3）全市生活圈

全市生活圈主要是以市级公园及体育场所等作为生活圈的核心，并以市政府为中心展开广泛性的救援活动。全市生活圈拥有完整的避难据点（全市性公园、体育场）、消防救灾（消防队）、警察指挥（警察局）、医疗救护（医学中心、区域医院）、物资运送（批发仓储业、物流业）以及防救灾路网等防灾空间系统。

在各层级防灾生活圈内部，避难空间和各类防灾设施进行空间上的集中配套建设，形成防灾活动据点，有利于其防灾应急功能的最大限度发挥。

2. 防灾分区划设标准

结合日本和我国台湾的经验，与现行法律法规中对城市防灾的规定相协调，对应不同的防灾目标和要求，可将城市防灾空间分区划分为若干等级，可分为一级防灾分区、二级防灾分区、三级防灾分区等。各级分区有各自的相对独立性，又相互联系，形成具有一定层级关系的防灾空间网络。分区等级数量的确定，不同规模的城市可以依据自身条件而定。

3. 防灾分区划设方法

一级防灾分区：有隔离带或天然屏障（如河流、山体等）防止次生灾害，具备功能齐全的中心避难场所、综合性医疗救援机构、消防救援机构、物资储备、对外畅通的救灾干道。分区隔离带宽度不低于 50m。

二级防灾分区：以自然边界、城市快速路作为主要边界，具备固定的避难场所、物资供应、医疗消防等防救灾设施。分区隔离带宽度不低于 30m。

三级防灾分区：由自然边界、绿化带、城市主次干道为主要边界，社区为单位，紧急避难场所的半径约为 500m。分区隔离带宽度不低于 15m。

4. 防灾据点设施整合

规划建设救援物资的储备、来自地域内外救援物资的集积与配置、应急救援人员的驻地和集合据点。以兵库县为例，其三木震灾纪念公园（暂定）是广域防灾据点的核心，不仅具有覆盖整个县域的综合防灾功能，规划建设的设施还兼有东播磨地域和神户地域广域防灾据点功能。

5. 防灾安全街区整合

每个防灾分区内，设置一个容纳防灾分区内相关设施的防灾据点，将这些设施集中于一个街坊内，该街坊称之为“防灾安全街区”。

按照防灾生活圈的理念，来对应防灾据点设施的兴建，并明确规范设施内容，主要包含五大功能：防灾安全机能，含防灾中心、地区行政中心、警察局、消防队等；城市据点机能，含福利设施、医疗设施等；避难机能，含防灾公园、多功能广场等；保障生活自立的功能，含储存仓库、耐震性贮水槽等；市民交流功能，含市民交流中心、社区文化中心等。

6.2.3.2　城市安全空间要素轴网整合

防灾轴，也称“防灾环境轴”，或“基本安全轴”，是指道路和其他防灾应急设施及沿途阻燃建筑物形成一体化的、有阻燃功能和可作为避难通道的城市空间，以提高地区的整体防灾效率。防灾轴一般是由不同类型的安全空间组成的，例如，具有防灾功能的空旷地带、防火带、避难道路、避难场所、自然水利设施等。

防灾轴应形成多层次的防灾轴线网络，覆盖全城；被指定为防灾轴的城市主干道应考虑提高防灾标准；避难场所，特别是等级较高、规模较大的避难场所应与防灾轴紧密连接；重要的防救灾公共设施，如医院、消防站、粮库等，应与防灾轴有便捷的交通联系；防灾轴附近的重大危险源应进行搬迁或地下化；防灾轴周边的新建建筑应提高设防等级；防灾轴上两侧的基础设施应加强防灾管理措施。为了确保在灾害来临时紧急运输道路的实效性，必须制定目标，明确防灾轴两侧建筑物的阻燃要求、引起道路闭塞的建筑物的耐震化率。同时，为了推进防灾环境轴的实施，需要明确各防灾环境轴两侧建筑地块具体的建筑物整治计划、道路整治计划、防灾公园整治计划、土地再开发计划等。

第7章 结 论

当前全球灾害频发，城市安全面临巨大的挑战。灾害危险的不确定性和承灾体的复杂性使得传统的城市安全研究范式已经不能适应这种变化，需要有新的研究范式来加以解决。从城市规划和城市安全的学科角度，在系统科学安全观的指导下，本书通过吸收借鉴相关学科研究的最新成果，明确了城市安全空间研究的范畴，构建了适应时代和学科发展要求的城市安全空间格局理论，提出了一套城市空间格局安全优化与评价方法，并在具体的城市安全规划实践中进行了应用。

7.1 主要结论

7.1.1 城市安全与城市空间格局存在关联

城市安全和城市空间格局之间为目标准则与物质基础的关系、非必然诱因与非必然结果的关系以及必然要求和部分手段的关系。

不同灾种类型与各类安全因子之间存在着不同的关联作用，城市空间格局对不同灾害的减灾作用程度也不一样。其减灾作用从大到小依次是：城市火灾、洪涝灾害、管线灾害、工业灾害、地质灾害、交通事故、环境公害、地震灾害、病疫灾害、战争破坏、气象灾害、恐怖袭击和火山爆发。这一排序基本上与人类对灾害的认识水平和控制能力正好呈正相关。

在安全城市空间格局演变的前工业社会（自发避灾时期）、工业社会（自觉抗灾时期）和后工业社会（自为容灾时期）这三个历史阶段里，建设城市时对安全的考虑思想由重视安全、忽略安全到安全觉醒，城市与灾害的关系经历了“顺应—对抗—相容”的过程，安全视角下的城市空间格局模式则由单点封闭空间格局、圈层半开放空间格局再发展为多中心网络型开放空间格局。

7.1.2 实现城市安全有压力释放和能力提升两种模型

鉴于安全概念含义的宽泛，本书选择从灾害研究的视角来定义安全。如果说“城市灾害”是与城市相关的一种客观存在，“城市安全”则是城市的一种状态表征。就如同相对于人来讲的“疾病”和“健康”。

本研究基于狭义的城市安全思想，界定“城市安全”的概念为：城市能对影响自身生存和发展的制约因素实现良好调控，同时具有较强的应灾能力和恢复能力的状态。基于此概念界定，城市安全包括城市系统的安全以及城市系统之于城市发展的安全。

将解决城市安全问题的还原论与整体论两种方法论加以综合和扬弃，超越还原论，发展整体论，运用系统论来认识城市安全问题，作为本书城市安全理论研究的哲学理论基础。城市空间格局和城市防灾功能之间存在复杂适应性关系，城市空间格局都有着充分的弹性，可以在空间格局基本保持不变的情况下，通过自发地调整组织内容和发挥功能的潜能，取得与功能需求和环境相互适应的关系，保障城市的安全稳定。Godschalk 将弹性理论运用到城市安全研究中，形成“耐灾城市”（Resilience City）理论，提出为了应对城市安全问题的不确定性，将城市作为完整的物质和社会系统来进行研究的概念，克服了传统城市安全研究对城市系统的割裂。本书以此作为研究立论的基础，剖析城市的易损性（Vulnerability）和耐灾性（Resilience）两种特性，提出了城市安全实现机制的两种模型——“压力释放”模型和“能力提升”模型。

7.1.3 城市空间格局包括空间结构、空间要素和空间环境三大变量

安全城市空间研究按“安全本位”和“空间本位”可以划分为“城市空间安全研究”和“城市安全空间研究”两个方面，前者的重点是安全，空间是对城市安全功能的界定，即指城市内部空间的城市安全保障功能研究；后者的重点是空间，安全是对其状态的一种界定，即指在客观和主观上有一定安全状态的空间。

在城市灾害的大系统中，城市空间的安全内涵具有双重的意义。一是作为承灾载体的城市空间，二是作为应灾本体的城市空间。即城市空间一方面

可以作为城市灾害的承载底盘，另一方面也是城市灾害的应对构件，也就是说城市空间具备安全二重性，既是安全载体，又是安全本体。

人们常说:“最危险的地方往往最安全”。这个危险地方（空间）的含义有主观和客观之分。相对于城市空间安全来说，“最危险的地方”主要是指人们根据历史经验主观上感觉最危险的城市空间，由于这种城市空间防范措施较好，自然灾害和人为事故灾害威胁变小，人为故意灾害的风险也变小，因此可以说这种城市空间往往“最安全”。城市空间既是“避灾之所”，又是“孕灾之地”。一般说来，城市规模与城市易损安全性（V）呈负相关关系，而与耐灾安全性（R）呈正相关关系。

安全城市空间格局指“为了保护城市安全平稳发展过程的重大制约性因素以及提高应灾能力而优化的城市空间因子的位置布局及相互关系”，即基于城市安全原则进行优化的城市空间格局。

作为“安全载体”的承灾空间是指“安全城市空间结构”，城市空间安全问题研究要回归到对城市系统性和结构性的认识上来，强调城市保持安全状态的日常能力的建设，以及对城市各种安全问题的有效应对。

作为“安全本体”的应灾空间是指“城市安全空间要素”，城市安全空间要素研究可分为城市平时防御空间系统研究和城市灾时应急空间系统研究。城市防灾和城市应急的具体对策也有类似性，包括了对灾害危险、承灾体易损性和灾害事件不同对象的改变，它们采取的方法基本上都是在灾害作用机理的基础上有针对性地采取的特异性对策。

安全城市空间格局应具有四种基本特性：冗余性，主要强调同种功能的重复设置；多样性，满足同种功能途径的多样化，提供选择的弹性；依赖性，强调构成要素的系统化，发挥整体作用的优势；功能性，强调承灾体抵抗灾害和袭击的能力。

安全城市空间格局研究范畴为城市空间结构安全、城市空间要素安全和城市空间环境安全，分别对应安全载体、安全本体和安全环境。

城市空间格局的安全度（Safety of Urban Spatial Pattern Safety，简称SUSP）是由灾害背景危险度（Hazard，H）、载体空间易损性（Vulnerability，V）以及本体空间耐灾力（Resilience，R）三者交互影响而成。

城市空间格局安全度可随易损性的减小而提升，也会随着耐灾力的增加使安全度增加，而灾害背景危险度一般是客观的，是难以人为控制的。所以，城市空间的优化一般只能从耐灾力和易损性两个方面入手，根据不同的优化内涵提出相应的优化策略，最终确保城市空间的整体安全。

7.1.4 调控城市空间格局安全变量能提升城市安全水平

7.1.4.1 调控空间结构能降低城市易损性

安全城市空间结构是城市被动承灾的安全载体空间，属于易损因子（V）。城市空间结构反映了系统元素的组合关系。城市空间结构安全优化内涵包括布局结构优化、压力结构安全、数量结构合理三个方面。

1. 布局结构

布局结构反映了城市空间结构的二维分布状况。从城市安全的角度，选定路网结构要素、用地布局要素和危险区位要素作为重点优化对象。

（1）路网结构：路网结构的选型主要的考虑因素就是包括城市地形、地貌、地质等的自然条件，而路网结构选型一旦确定，基本就确定了城市未来相当长一段时期的发展格局，也奠定了未来城市安全水平的基本起点。

（2）用地布局：城市总体布局内容的核心是城市用地功能的组织，其中对城市安全产生主要影响的是工业用地功能的组织。工业企业宜采取组群方式布置，形成城市工业区，工业的集中独立有利于减少城市安全压力。这样既能够从生产上形成产业联动，避免与居住、公共服务设施等用地的穿插，也便于施行整体性的安全措施，保证安全生产。

（3）危险区位：城市内部的一些人工危险点源如化工厂、油库以及易爆仓库等危险点源的区位选址应充分考虑对城市的威胁；城市内部自然危险地段如泄洪通道、洪水淹没区、地震断裂带、地质松软区等宜尽量避开。

2. 压力结构

压力结构反映了城市空间结构的三维分布状况。从城市安全的角度，选定建设强度、建设密度和建筑高度作为重点优化对象。若容积率为F，建筑密度为D，建筑限高为H，建筑平均层高为$\overline{h}$，则它们之间的关系式为“$D/\overline{h}=F/H$”。可以看出，建设强度、建筑密度和建筑高度三者相互制约，共同对经济利益与安全效益起着平衡的作用。

（1）建设强度：建设强度与安全压力呈正相关关系，随着建设强度的不断增加，城市灾害风险压力和救灾资源压力都不断增大，城市整体空间格局安全压力增大。为了防止过度追求经济利益而增加安全风险，可对容积率实行限制措施，分不同区域进行最高数值控制，以减低内城的安全风险压力。笔者通过对容积率、城市空间结构和安全压力之间的调控关系进行研究，发现保持网络型的空间结构的安全水平高于多中心的空间结构，多中心的空间结构又高于单中心的空间结构。

（2）建筑密度：过低的建筑密度也会带来防灾资源跟不上、救灾效率过低的问题；过大的密度会带来城市拥挤、消防通道难以保证、灾害易于蔓延、人员难以疏散等问题，都给城市安全带来了很大压力。对于建筑密度的控制，主要的目标是保证城市空间必要的“可呼吸性”，即城市建设需要保证有一定的疏密结构，以保证在连片建设区内必要的绿色空间、安全疏散空间、空气流通空间等。

（3）建筑高度：建筑高度的合理分布，主要是控制高层建筑的数量与布局，高层过于密集会导致地面沉降，救灾困难增加，疏散压力加大，影响日照通风。建筑高度低的区域往往是低层高密度建筑密集的老城区或历史街区，安全压力会比较大；但随着建筑限高的增加，开始出现多层中等密度空间形态，安全压力减小；随着建筑限高的继续增加，开始出现高层甚至超高层的空间形态，灾害发生时的疏散压力和救援困难增加，同时也可能导致地面沉降加快，安全压力增大。

3. 数量结构

数量结构反映了城市空间结构的抽象比重关系。从城市安全的角度，选定用地比例和人均用地作为重点优化对象。

（1）用地比例：用地比例结构安全优化主要考虑城市用地结构是否符合标准，从而判断城市各类功能用地比例是否满足需求。各类用地比例具有一定的结构关系，是此消彼长的，其中一类用地指标的偏高，一般会引起其他用地指标的减少，偏离值越大的，越不安全。

（2）人均用地：人均用地间接反映了人口密度风险，城市用地规模要考虑城市的安全容量。一般说来，人均城市建设用地指标偏大，则城市人口分布较稀，城市布局相对分散，在城市防灾资源建设受限的情况下，城市各种安全设施就难免被全部覆盖，救援效率也会降低，城市安全度就会偏低；如果人均城市建设用地指标偏小，则城市人口分布过密，城市布局过于集中，城市灾害风险压力增大，城市安全度也会降低。人均用地结构安全优化主要考虑单项人均建设用地是否符合标准。

城市多中心网络型空间结构的形成可以通过“间隙式”和“轴网式”两种安全优化模式实现。“间隙式”安全优化模式适宜于城市有较多开放空间的情况，而“轴网式”安全优化模式则用于较密集的城市形态。

7.1.4.2　调控空间要素能提高城市耐灾力

城市安全空间要素是城市主动应灾的安全本体空间，属于耐灾因子（*R*）。要素是构成系统的关键性元素。城市安全空间要素优化内涵包括防御要素和应急要素两个方面。

1. 防御要素

灾害防御要素是指用来进行灾害防护或对灾害的发生能够直接、间接起到防御作用的空间。防御要素包括弹性空间、防护隔离和基础设施三类因子。

（1）弹性空间：弹性空间主要是指能够起到滞灾应灾和自我生态修复作用的城市森林、绿地、水域等空间。城市韧性滞灾空间优化策略分为适当规模和适当分布两个方面。

（2）防护隔离：防护隔离包括实分隔和虚分隔。根据城市防灾分区级别可设置分区层次的隔离和社区层次的隔离，不同级别的隔离空间形式与规模均应有所不同。

（3）基础设施：与城市安全密切相关的城市基础设施可以称作为城市生命线系统。城市生命线系统优化策略包括提高设施的设防标准、提倡设施建设地下化、提升设施节点可靠度、提升设施故障备用率和提升设施网络可靠性五个方面。

2. 应急要素

灾害应急要素是指在灾害发生时用于进行灾害救援的各类重要设施和空

间。灾害应急要素包括应急避难、应急通道和应急设施三类因子。

（1）应急避难：应急避难即将居民从危险区紧急撤离、集结到预定的比较安全的场所，均衡分散有利于紧急临时就近疏散。城市应急避难空间优化策略包括避开地质活动带、与城市绿地系统规划相结合、与规划区人口密度相适应、改建与新建相结合和运用GIS技术优化布局等。

（2）应急通道：城市应急交通空间优化策略包括综合设置多种类型的疏散通道、严格建筑后退道路红线的管理、完善城市道路系统、城市出入口多个保证、对外交通枢纽重点防范、城市快速路网加快建设和城市支路网加密完善等。

（3）应急设施：应急设施空间优化即保证消防、医疗、安保、指标等设施合理布局和均衡共享，并保证一定的冗余以备不测。

城市安全空间要素整合方法包括分区控制和轴网整合两种，分别通过划设城市防灾分区和构建城市防灾轴来达到城市安全控制的目标。

7.2 主要创新

7.2.1 剖析了城市安全与城市空间格局的关系

对城市安全与城市空间格局的相互关系进行剖析，包括静态的影响关联和动态的演变关联，从中找到了一些基本规律：二者的相互影响机制；安全空间因子与不同城市灾害之间的关联度高低和作用大小；城市安全意识与城市空间格局的历史演变规律和发展趋势。

7.2.2 构建了城市空间格局安全优化理论框架

本书由“城市”聚焦到“城市空间”，从安全本位和空间本位两个方面明确了安全城市空间研究的范畴。本书依托系统论，并结合影响城市空间格局的安全度的灾害背景危险度（H）、载体空间易损性（V）以及本体空间耐灾力（R）三个因子，构建了城市空间格局安全优化理论，深化了现有城市空间研究对城市安全问题的认识（图7-1）。

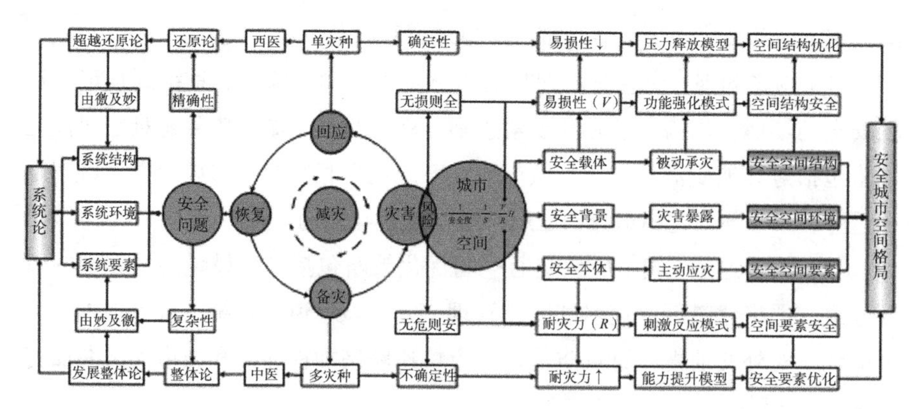

图 7-1 城市空间格局安全优化理论框架

7.2.3 创立了城市空间格局安全优化方法范式

笔者认为，城市空间格局安全水平的提升，也可以从整体调控和局部优化两个方面来实现：整体调控针对的是宏观层面的多灾种安全问题，运用系统论来应对城市安全的复杂性问题，尤其是灾害的不确定性；局部优化针对的是微观层面的单灾种安全问题，运用还原论来解决城市安全的精确性问题。

7.2.4 创建了城市空间格局安全评价体系与方法

本书创建了由目标层、准则层、领域层和因子层四个层次构成的城市空间格局安全评价体系，并运用AHP法确定了各层级因子的权重，为城市空间格局安全评价方法提供了一个系统的评价框架。同时，为了使城市空间格局安全评价更加科学，本书最终选择了18个可以观测和计量的安全评价指标：道路网络结构指数（RNS）、工业用地布局指数（ILP）、危险点源区位指数（RSL）、建设强度分布指数（BIP）、建筑密度分布指数（BDP）、建筑高度分布指数（BHP）、人均用地面积指数（LAP）、用地比例结构指数（LUR）、弹性空间绩效指数（RSP）、防护隔离绩效指数（PIP）、基础设施水平指数（LFL）、避难空间分布指数（ESP）、应急路网密度指数（ERD）、应急设施覆盖指数（EFC）、生态环境破碎指数（EEF）、用地条件适宜指数（LCS）、灾害强度频度指数（HIF）和灾害空间风险指数（HSR）。本书还对各安全评价指标进行了解释和阈值推导，为城市空间格局安全的完全定量评价奠定了数理基础。

本书将改进的德尔菲法（Delphi）、层次分析法（Analytic Hierarchy Process，简称AHP法）、模糊综合计算法（Fuzzy Comprehensive Evaluating，简称FCE法）分别用于城市空间格局安全评价的相应步骤，形成Delphi-AHP-FCE综合集成模糊评价法，这是一种定性评价定量化的方法。

为了加强城市空间格局安全评价的科学性，本书还通过德尔菲法遴选了18个单项安全评价指标，并通过公式推演将指标阈值具体化。城市空间格局安全评价指标体系的研究是一个定性与定量分析相结合的问题。

7.3 研究展望

本书的大部分内容是理论性的研究与思考。文中对所涉及的概念基本都进行了再思考和重新界定，对核心的命题进行了深入的探讨和理论框架搭建，形成了相对系统的阶段性理论成果。但是，在量化研究以及案例应用研究方面尚有较多工作未完成。

因而后续研究的重点就在于将初步形成的理论框架进行量化完善，并通过案例应用研究来检验和修正理论框架。具体可以从以下几个方面开展后续研究。

7.3.1 研究内容方面

由于城市整体空间安全问题的研究还处于起步期，以及本书研究时间的限制，在研究过程中对问题进行了必要的简化。通过研究条件的限定和假设，尽管最终保证了理论框架的相对完整性，但对实际的解释力却受到一定的削弱。在后续研究中，在此框架下，可以增加更多考虑的因素，使本书结论趋于完善。

本书进行的案例研究，由于相关数据的缺乏，部分应用的是定性分析，可能影响到案例研究结论的科学性，故下一步研究可以加强案例研究，应用该评价体系和理论框架，力求量化和深化，从而检验评价指标的选择和标准的确立以及理论框架的科学性，也为城市安全规划提供有力的理论指导。

由于本书侧重的是规范性研究，且囿于时间和篇幅，本书在空间格局安全优化技术方面并没有展开系统的研究。当前空间安全布局优化技术方面的研究已有一定基础，可以在接下来的研究中进行系统梳理和技术集成，并在城市安全规划案例应用。

7.3.2 研究深度方面

由于收集的城市灾害案例与经验数据不够全面，本书并未提出各安全评价指标的阈值范围，下一步研究需要通过大量的经验研究，确定评价体系的指标评价标准阈值。

本书提出的部分安全评价指标有一定的综合性，并不能够直接观测得到，下一步研究可以进一步优化评价指标体系，力求用较少和较易获得的指标反映较多的内容，尤其是对于城市空间结构的度量指标。

7.3.3 研究方法方面

本书在理论构建时主要运用演绎的方法，方法部分以归纳法为主，类比和比较的方法也有采用。由于相关数据的缺乏，城市安全与城市空间格局关系研究运用了专家问卷法，研究带有一定的主观性，如能取得大量的灾害案例数据，并对其进行相关分析，研究结果会更具有科学性。

参考文献

[1] 吴良镛 . 人居环境科学导论 [M]. 北京：中国建筑工业出版社，2001.

[2] GODSCHALK D R.Urban Hazard Mitigation：Creating Resilient Cities[J]. Natural Hazards Review，2003：136-143.

[3] 戴慎志 . 论城市安全战略与体系 [J]. 规划师，2002，18（9）：9-11.

[4] 俞孔坚，李迪华，等 .“反规划”途径 [M]. 北京：中国建筑工业出版社，2005.

[5] 吴宗之 . 城市土地使用安全规划的方法与内容探讨 [J]. 安全与环境学报，2004，4（6）：86-90.

[6] 王发曾 . 城市犯罪分析与空间防控 [M]. 北京：群众出版社，2003.

[7] 徐磊青 . 以环境设计防止犯罪研究与实践 30 年 [J]. 新建筑，2003（6）：4-7.

[8] 戴慎志 . 城市综合防灾规划 [M]. 北京：中国建筑工业出版社，2011.

[9] 毛媛媛，戴慎志 . 犯罪空间分布与环境特征——以上海市为例 [J]. 城市规划学刊，2006（3）：85-93.

[10] 郭济 . 政府应急管理实务 [M]. 北京：中共中央党校出版社，2004.

[11] 赵成根 . 国外大城市危机管理模式研究 [M]. 北京：北京大学出版社，2006.

[12] 郭跃 . 灾害易损性研究的回顾与展望 [J]. 灾害学，2005，20（4）：92-96.

[13] 葛怡 . 洪水灾害的社会脆弱性评估研究——以湖南省长沙地区为例 [D]. 北京：北京师范大学，2006.

[14] 刘婧，史培军，葛怡，等 . 灾害恢复力研究进展综述 [J]. 地球科学进展，2006，21（2）：211-218.

[15] 赵运林，黄璜 . 城市安全学 [M]. 长沙：湖南科学技术出版社，2010.

[16] 沈国明 . 城市安全学 [M]. 上海：华东师范大学出版社，2008.

[17] DAN H D，KOVACS P，MC BEAN G，et al.Background Paper on Disaster Resilient Cities[Z]. 2004：8.

[18] 马德峰 . 安全城市 [M]. 北京：中国计划出版社，2005.

[19] 张翰卿 . 安全城市规划理论与方法研究 [D]. 上海：同济大学，2009.

[20] SAVITCH H V，ARDASHEV G. Does Terror Have an Urban Future? [J]. Urban Studies，2001，38（13）：2515-2533.

[21] COAFFEE J. Rings of Steel，Rings of Concrete and Rings of Confidence：Designing out Terrorism in Central London pre and post September 11th[J].International Journal of Urban and Regional Research，2004，28（1）：201-211.

[22] 段进，李志明，卢波 . 论防范城市灾害的城市形态优化：由 SARS 引发的对当前城市建设中问题的思考 [J]. 城市规划，2003（7）：61-63.

[23] 武进 . 中国城市形态 [M]. 南京：江苏科学技术出版社，1990.

[24] 胡俊 . 中国城市：模式与演进 [M]. 北京：中国建筑工业出版社，1994.

[25] 崔功豪，等 . 中国城市边缘区空间结构及演化 [J]. 地理学报，1990，45（4）：399-410.

[26] 董鉴泓 . 中国城市建设史 [M]. 北京：中国建筑工业出版社，2006.

[27] 江曼琦 . 城市空间结构优化的经济分析 [M]. 北京：人民出版社，2001.

[28]（美）芒福德 . 城市发展史：起源、演变和前景 [M]. 宋俊岭，倪文彦，译 . 北京：中国建筑工业出版社，2005.

[29] 章友德 . 城市灾害学：一种社会学的视角 [M]. 上海：上海大学出版社，2004.

[30] Quarantelli E L . Disaster Planning, Emergency Management and Civil Protection: The Historical Development of Organized Efforts to Plan for and to Respond to Disasters[M]. Disaster research center, 2003：3.

[31]（英）希克斯 . 经济史理论 [M]. 北京：商务印书馆，1998.

[32] 洪金祥，崔雅君 . 城市园林绿化与抗震防灾——唐山市震后绿地作用与建设的思考 [J]. 中国园林，1999（3）：58-59.

[33] 陈星 . 区域生态安全空间格局评价模型的研究 [J]. 北京林业大学学报，2008（1）：21-28.

[34] 汪劲柏 . 城市生态安全空间格局研究 [D]. 上海：同济大学，2006.

[35] 卢冠宇 . 基于城市生态安全评价的空间格局优化对策研究——以南充市为例 [J]. 科技信息，2010（31）：13-14.

[36] 李春辉，姜建涛，黄耀志．生态安全视角下的水网小城镇空间格局初探 [J]. 科技信息，2010（15）：5-6.

[37] 谷溢．防灾型城市设计——城市设计的防灾化发展方向 [D]. 天津：天津大学，2006.

[38] 刘海燕．基于城市综合防灾的城市形态优化研究 [D]. 西安：西安建筑科技大学，2005.

[39] 郭美锋，刘晓明．构建具有“柔性结构”的防灾城市：由伊朗巴姆大地震引发的对当前城市防灾绿地建设中问题的思考 [J]. 北京林业大学学报（社会科学版）：2006（1）：20-23.

[40] 曾坚，左长安．CBD 空间规划设计中的防灾减灾策略探析 [J]. 建筑学报，2010（11）：75-79.

[41] 孙晓峰，曾坚，吴卉．海南岛典型灾害对东线环岛城市带的影响 [J]. 城市问题，2011（4）：37-41.

[42] XU J P，LU Y. Meta-Synthesis Pattern of Post-Disaster Recovery and Reconstruction：Based on Actual Investigation on 2008 Wenchuan Earthquake [J]. Natural Hazards，2012，60（2）：199-222.

[43] 蔡柏全．都市灾害防救管理体系及避难圈域适宜规模之探究——以嘉义市为例 [D]. 台南：成功大学，2002.

[44] 金磊．构造城市防灾空间——21 世纪城市功能设计的关键 [J]. 工程设计 CAD 与智能建筑，2001（8）：6-8.

[45] 童林旭．地下空间概论 [J]. 地下空间，2004，24（3）：414-420.

[46] 吕元，胡斌．城市防灾空间理念解析 [J]. 低温建筑技术，2004（5）：36-37.

[47] 吕元．城市防灾空间系统规划策略研究 [D]. 北京：北京工业大学，2004.

[48] 苏幼坡．城市灾害避难与避难疏散场所 [M]. 北京：科学普及出版社，2006.

[49] 陈鸿．六安市消防站空间布局优化研究 [J]. 消防科学与技术，2009，28（5）：321-326.

[50] 方磊，何建敏．城市应急系统优化选址决策模型和算法 [J]. 管理科学学报，2005，8（1）：12-16.

[51] 陈志宗，尤建新．城市防灾减灾设施的层级选址问题建模 [J]. 自然灾害学报，

2005，14（2）：131-135.

[52] 刘小坛，刘威，李杰．生命线网络系统抗震拓扑优化的 Benchmark 模型 [J]. 防灾减灾工程学报，2007（3）：258-264.

[53] 童明．二元性的城市规划理论及其实践 [J]. 城市规划，1997（5）：15-17.

[54] 孙施文．城市规划哲学 [M]. 北京：中国建筑工业出版社，1997.

[55] 胡赛尔．纯粹现象学通论 [M]. 北京：商务印书馆，1997：94-100.

[56] 栾玉广．自然科学技术研究方法 [M]. 合肥：中国科学技术大学出版社，2003.

[57] 宋俊岭．西方城市科学的发展概况（二）[J]. 北京城市学院学报，2007（3）：12-15，57.

[58] （美）迈尔斯. 最终的安全——政治稳定的环境基础 [M]. 王正平，金辉译．上海：上海译文出版社，2001.

[59] 韩子荣．安全型社区 [M]. 北京：中国时代经济出版社，2005：37.

[60] 美国加州大学伯克利分校．城市的应急管理与计划 [M]. 北京：中央广播电视大学出版社，1998：3.

[61] LAVELL A.Natural and Technological Disasters：Capacity Building and Human Resource Development for Disaster Management：Concept Paper[EB/OL].1999. http：//www. desenredando. org/public/articulos/1999/ntd/index. html.

[62] （日）林春男．危机管理讲义 [Z/OL]. 2006. http：//www. drs. dpri. kyoto-u. ac. jp/hayashi/.

[63] （美）马斯洛．动机与人格 [M]. 北京：华夏出版社，1987.

[64] 刘跃进．从哲学层次上研究安全 [J]. 国际关系学院学报，2000（3）：62.

[65] 朱正威，肖群鹰．国际公共安全评价体系：理论与应用前景 [J]. 公共管理学报，2006（1）：27-33.

[66] 苗东升．系统科学精要 [M]. 北京：中国人民大学出版社，1998：222.

[67] （奥）贝塔朗菲．一般系统论 [M]. 秋同，袁嘉新，译．北京：社会科学文献出版社，1987：27.

[68] 许国志．系统科学与系统工程研究 [M]．上海：上海科技教育出版社，2000.

[69] 赵光武．还原论与整体论相结合探索复杂性 [J]. 北京大学学报，2002（6）：17.

[70] 朱勍．城市生命力——从生命特征视角认识城市及其演进规律 [M]. 北京：中国

建筑工业出版社，2011.

[71] 仇保兴 . 复杂科学与城市规划变革 [J]. 城市规划，2009（4）：11-26.

[72] 张勇强 . 城市空间发展自组织与城市规划 [M]. 南京：东南大学出版社，2006：57-72.

[73] HOLLING C S.Resilience and Stability of Ecological Systems[J].Annual Review of Ecology and Systematics，1973，4：1–23.

[74] ZHOU H，WANG J，WAN J，et al.Resilience to Natural Hazards：A Geographic Perspective[J]. Natural Hazards，2010，53（1）：21-41.

[75] BRUNEAU M，et al.A Framework to Quantitatively Assess and Enhance the Seismic Resilience of Communities[J]. Earthquake Spectr，2003，19（4）：733–752.

[76] HOLLING C S. From Complex Regions to Complex Worlds[J/OL].Ecology and Society，2004，9（1）：11.www.ecologyandsociety. org/vol9/issl/artll/.

[77] ADGER W，HUGHES T，Folke C，et al. Social-Ecological Resilience to Coastal Disasters[J]. Science，2005，309：1036-1039.

[78] BERKES F，COLDING J，FOLKE C，et al. Navigating Social-Ecological Systems：Building Resilience for Complexity and Change [M]. Cambridge：Cambridge University Press，2003：416.

[79] GUNDERSON L H，HOLLING C S，et al.Panarchy：Understanding Transformations in Human and Natural Systems[M].Washington D. C.：Island Press，2002.

[80] JEN E，et al. Robust Design：A Repertoire of Biological，Ecological and Engineering Case Studies[M]//Santa Fe Institute，Studies in the Science of Complexity. Oxford：Oxford University Press，2005.

[81] WALKER B，SALT D. Resilience Thinking：Sustaining Ecosystems and People in a Changing World[M].Washington D.C.：Island Press，2006.

[82]（美）沃克（Brian Walker），索尔克（David Salt）. 弹性思维：不断变化的世界中社会—生态系统的可持续性 [M]. 彭少麟，陈宝明，赵琼，等，译 . 北京：高等教育出版社，2010.

[83] ALBERTI M，MARZLUFF J，SHULENBERGER E，et al.Integrating Humans into Ecosystems：Opportunities and Challenges for Urban Ecology[J].BioScience，

2003，53（4）：1169-1179.

[84] Resilience Alliance：Urban Resilience Research Prospectus[R]. 2007.

[85] LEICHENKO R.Climate Change and Urban Resilience[J].Current Opinion in Environmental Sustainability，2011（3）：1-5.

[86] 刘克林 . 试论中西医双重诊断的必要性 [J] . 四川中医，2007，25（9）：11-12.

[87] 苗凌娜，李文占 . 中医现代化和中西医结合诊治方法探讨 [J] . 现代中西医结合杂志，2007，16（10）：2659-2660.

[88] 王荣田，王芝兰 . 关于中西医结合的几点思考 [J]. 中医药信息，2004，21（6）：1-4.

[89] 祝世讷，孙桂莲，著 . 中医系统论 [M]. 重庆：重庆出版社，1990：174.

[90] 赵延东 . 社会资本与灾后恢复——一项自然灾害的社会学研究 [J]. 社会学研究，2007（5）：164-187.

[91] Departement of Homeland Security. National Incident Management System[Z]. 2004：132.

[92] ROZDILSKY J L. Taking a Systems Approach to Risk Assessment and Diaster Recovery：The Montserrat Case[D]. East Lansing：Michigan State University，2005：63-66.

[93] OKADA N，YOKOMATSU M，SUZUKI Y，et al.Urban Diagnosis as a Methodology of Integrated Disaster Risk Management[Z].Annuals of Disas.Prev.Res. Inst.，Kyoto Univ.，No.49 C，2006：50.

[94] FORD J.Vulnerability：Concepts and Issues[EB/OL]. 2002：2.www. arctic-north. com/JamesPersonalWebsite/Ford2002. pdf.

[95] WHITE G，HAAS J E. Assement of Research on Natural Hazards[M].Cambridge：MIT Press，1975.

[96] 林冠慧，吴佩瑛 . 全球变迁下脆弱性与适应性研究方法与方法论的探讨 [J]. 全球变迁通讯杂志，2004（43）：33-38.

[97] GORDON J E.Structures [M].Harmondsworth：Penguin Books，1978.

[98] MANYENA S B.The Concept of Resilience Revisited[J].Disaster，2006，30（4）：433-450.

[99] BERKES F.Understanding Uncertainty and Reducing Vulnerability：Lessons from

Resilience Thinking [J].Nature Hazards，2007（41）：283-295.

[100] CROSS J A.Megacities and Small Towns：Different Perspectives on Hazard Vulnerability[J] .Environmental Hazards，2001，3（2）：63-80.

[101] 辞海编辑委员会 . 辞海 [M]. 上海：上海辞书出版社，1979.

[102] 赵慧英，林泽炎 . 组织设计与人力资源战略管理 [M]. 广州：广东经济出版社，2003：51.

[103] （美）卡斯特，罗森茨韦克 . 组织与管理：系统方法与权变方法 [M]. 北京：中国社会科学出版社，2000：144.

[104] （美）林奇 . 城市形态 [M]. 北京：华夏出版社，2001：88.

[105] 程小蓉 . 谈谈城市空间形态的发展与演变 [J]. 成都航空职业技术学院学报，2004（2）.

[106] 段进 . 城市空间发展论 [M]. 南京：江苏科学技术出版社，2006.

[107] 夏祖华，黄伟康 . 城市空间设计 [M]. 南京：东南大学出版社，1992.

[108] 王祥荣 . 生态与环境——城市可持续发展与生态环境调控新论 [M]. 南京：东南大学出版社，2000.

[109] 毕凌岚 . 生态城市物质空间系统结构模式研究 [D]. 重庆：重庆大学，2004：75

[110] 黄亚平 . 城市空间理论与空间分析 [M]. 南京：东南大学出版社，2002.

[111] 滕五晓，加滕孝明，小出治 . 日本灾害对策体制 [M]. 北京：中国建筑工业出版社，2003：72.

[112] MILETI D S. 人为的灾害 [M]. 武汉：湖北人民出版社，2004.

[113] 龙雪琴，关宏志 . 基于交通安全的城市路网结构优化方法 [J]. 公路交通科技，2012（4）：111-117.

[114] JENKS M，BURTON E，Williams K.The Compact City：A Sustainable Urban Form[M]. London：Spon Press，1996.

[115] （日）村桥正武 . 关于神户市城市结构及城市核心的形成 [J]. 朱青，译 . 国际城市规划，1996（4）.

[116] 彭高峰，蒋万芳，陈勇 . 新区建设带动旧城改造 [J]. 规划师，2004（2）：31.

[117] 苗作华 . 城市空间演化进程的复杂性研究 [M]. 北京：中国大地出版社，2007.

[118] 洪金祥，崔雅君 . 城市园林绿化与抗震防灾——唐山市震后绿地作用与建设的

思考 [J]. 中国园林，1999.

[119] 朱喜钢 . 城市空间集中与分散论 [M]. 北京：中国建筑工业出版社，2002：75.

[120] （美）科斯托夫 . 城市的形式 [M]. 北京：中国建筑工业出版社，2005：195-196.

[121] 卢毓骏 . 适应防空的都市计划 [J]. 市政评论，1937：38.

[122] （美）霍珀，德罗格 . 安全与场地设计 [M]. 北京：中国建筑工业出版社，2006：35.

[123] 周世宁，林柏泉，沈斐敏 . 安全科学与工程导论 [M]. 徐州：中国矿业大学出版社，2005 ：2.

[124] VOOGD H. Disaster Prevention in Urban Environments [J/OL]. European Journal of Spatial Development ，2004（12）：1-20. www.nordregio.se/EJSD/refereed12.pdf.

[125] 郭晋勋 . 创造安全的城市——经由环境设计预防犯罪 [D]. 台北：台北大学都市计划研究所，2002.

[126] FARISH M.Disaster，Decentralization：American Cities and the Cold War[J]. Cultural Geographies ，2003（10）：125-148.

[127] 孙群郎 . 美国城市郊区化研究 [M]. 北京：商务印书馆，2005：174.

[128] （美）艾琳（Ellin N.）. 后现代城市主义 [M]. 张冠增，译 . 上海：同济大学出版社，2007.

[129] （美）弗里德曼 . 世界是平的 [M]. 何帆，肖莹莹，郝正非，译 . 长沙：湖南科技出版社，2006.

[130] 陈昌勇 . 城市住宅容积率的确定机制 [J]. 城市问题，2006（7）：6-10.

[131] 龚士良 . 上海城市建设对地面沉降的影响 [J] . 中国地质灾害与防治学报，1998.（2）：108 - 111.

[132] 刘恩华 . 唐山市震后重建的思考 [J]. 城市规划，1997（4）：16-18.

[133] 谢映霞 . 城市公共安全规划研究 [Z]. 城市与工程安全减灾学术研讨会演示文件，2006.

[134] 马强 . 走向“精明增长”[M]. 北京：中国建筑工业出版社，2007：49.

[135] 顾朝林，甄峰，张京祥 . 集聚与扩散：城市空间结构新论 [M]. 南京：东南大学出版社，2000.

[136] 靳芳，张振明，余新晓，等 . 甘肃祁连山森林生态系统服务功能及价值评估 [J].

中国水土保持科学，2005，3（1）.

[137] 庄大昌 . 洞庭湖湿地生态系统服务功能价值评估 [J]. 经济地理，2004（3）.

[138] STERNBERG E，GEORGE C L.Meeting the Challenge of Facility Protection for Homeland Security[J].Homeland Security and Emergency Management，2006，3（1）: 1-19 .

[139] 中华人民共和国住房和城乡建设部 . 防灾避难场所设计规范: GB51143—2015[S]. 北京: 中国建筑工业出版社 ,2016.

[140] BETHKE L，GOOD J，Thompson P. Building Capacities for Risk Reduction[J]. UN Disaster Management Training Programme，1997: 24.

[141] 袁永博，张明媛，双晴 . 基于 DEA 分析的生命线网络节点抗灾相对可靠度评估 [J]. 防灾减灾工程学报，2011（4）: 403-407.

[142] 刘小坛，刘威，李杰 . 生命线网络系统抗震拓扑优化的 Benchmark 模型 [J]. 防灾减灾工程学报，2007（3）: 258-264.

[143] 谭纵波 . 城市规划 [M]. 北京: 清华大学出版社，2005: 358.

[144] 童林旭 . 城市生命线系统的防灾减灾问题——日本阪神大地震生命线震害的启示 [J]. 城市发展研究，2000（3）: 8-12.

[145] 谭跃进,吴俊,邓宏钟,等. 复杂网络抗毁性研究综述 [J]. 系统工程,2006,24(10): 1-5.

[146] 徐波，关贤军，尤建新 . 城市防灾避难空间优化模型 [J]. 土木工程学报，2008（1）: 93-98.

[147] 朱佩娟，张洁，肖洪，等 . 城市公共绿地的应急避难功能——基于 GIS 的格局优化研究 [J]. 自然灾害学报，2010（4）: 34-42.

[148] 陈志芬，李强，陈晋 . 城市应急避难场所选址规划模型与应用 [M]. 北京: 气象出版社，2011.

[149] 都市緑化技術開発機構，公園緑地防災技術共同研究会 . 防災公園技術ハンドブック [M]. 东京: 株式会社エポ，2000.

[150] 吴林春，等 . 绿色生态住区的水环境建设 [J]. 住宅科技，2003（2）: 18-20.

[151] 中华人民共和国住房和城乡建设部，中华人民共和国国家发展和改革委员会 . 城市消防站建设标准: 建标 152—2017[S]. 北京: 中国计划出版社 ,2017.

[152] 吴志强，李德华．城市规划原理 [M]. 4 版．北京：中国建筑工业出版社，2010.
[153] （法）阿莱格尔．城市生态与乡村生态 [M]. 陆亚冬，译．北京：商务印书馆，2005：127.
[154] 陈鸿．城市消防站空间布局优化研究 [D]. 上海：同济大学，2007.